统计王国奇遇记

方方 著

华东师范大学出版社
·上海·

图书在版编目（CIP）数据

统计王国奇遇记 / 方方著. —上海：华东师范大
学出版社，2020
ISBN 978-7-5760-0709-1

Ⅰ.①统… Ⅱ.①方… Ⅲ.①统计学－青少年读物 ②
数据处理－青少年读物 Ⅳ.①TC8-49 ②P274-49

中国版本图书馆CIP数据核字（2020）第153888号

TONGJI WANGGUO QIYUJI
统计王国奇遇记

著　者　方　方
策划编辑　倪　明
责任编辑　徐　平
责任校对　时东明
装帧设计　卢晓红
插　　画　爱学习教育集团

出版发行　华东师范大学出版社
社　　址　上海市中山北路3663号　邮编 200062
网　　址　www.ecnupress.com.cn
电　　话　021-60821666　行政传真 021-62572105
客服电话　021-62865537　门市（邮购）电话 021-62869887
地　　址　上海市中山北路3663号华东师范大学校内先锋路口
网　　店　http://hdsdcbs.tmall.com/

印 刷 者　上海盛通时代印刷有限公司
开　　本　787×1092　16开
印　　张　14.5
字　　数　155千字
版　　次　2020年12月第1版
印　　次　2020年12月第1次
印　　数　8100
书　　号　ISBN 978-7-5760-0709-1
定　　价　65.00元

出 版 人　王　焰

高 思

性别：男

星座：狮子座

滨海市第二中学学生，校足球队队长。学习成绩顶呱呱，尤其擅长数学，喜欢利用数学知识帮助大家解决问题，理科小能手，人送外号"小高斯"。无意中来到统计王国，开启了一段奇妙的旅程。

萱萱

性别：女

星座：水瓶座

温柔善良的女孩，外表美丽。出生于随机大陆的统计王国，机智勇敢，聪明伶俐。陪伴高思一同前往随机森林，克服重重困难，最终解救了统计王国并帮助高思找到了回家的道路。

小括狐

性别：男

星座：水瓶座

聪明过人，性格不羁且有趣。
学霸体质，乐观开朗。高思和萱萱
奇妙旅程中不时出现的好伙伴。

统计王国奇遇记

目录

随机大陆示意图

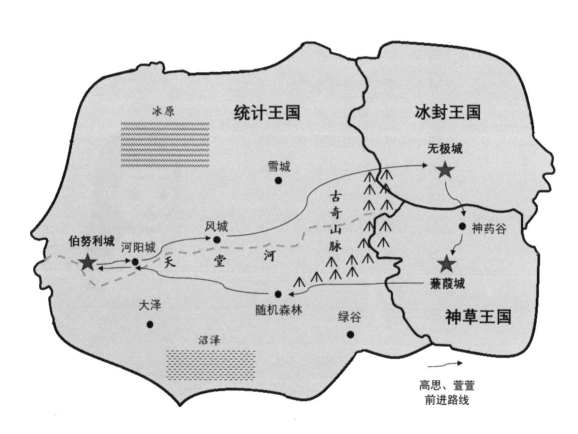

第一章

奇妙的国家

"加油!""往前带!过他!过他!""射门!哎呀!偏了……"一个春天的下午,阵阵助威声从滨海市第二中学的操场上传来,市初中生足球联赛正在火热进行中。来访的大华中学足球队是滨海市顶尖强队,实力处于上风。只见大华中学的一名队员带球直扑第二中学的球门,他灵活盘带过掉一人来到禁区前沿,一个内切晃开了射门空间,起脚打门,足球划过一道优美的弧线直奔球门死角,场边观战的同学们瞬间觉得心都提到了嗓子眼。眼看球就要进门,一双大手突然伸了出来,稳稳地扑住了足球,观众沸腾了,所有人都在大喊:"高思!高思!高思!"

高思是何许人?他正是刚刚扑住足球的守门员,第二中学八年级的学生。今年14岁,身材削瘦,身高臂长,反应迅速,是滨海市的王牌足球守门员。除了球踢得好,高思的学习成绩也是顶呱呱的。他尤其擅长数学，喜欢利用数学知识帮助大家解决问题，名字又和大数学家高斯的发音一模一样，因此人送外号"小高斯"。

这时高思正站在球门前，全神贯注地关注着场上的局势。只见对方球员一个远射，足球飘忽着飞向高思把守的球门。高思突然觉得这个足球有点不对劲，它的旋转远比一般的球来得快，像一个漩涡一样不断扩大，似乎还产生了强大的吸引力。高思身不由己地向漩涡中心倒了过去，接着眼前一黑，失去了知觉。

也不知道过了多久，高思觉得眼前出现红的蓝的各种颜色，且在不断变换，耳朵里也传来了轻柔的音乐声。他睁开眼睛一看，自己躺在一张床上。

"这是什么地方？"高思小声嘀咕着。这房间陈设普通，绝对不是医院病房。房间墙壁的颜色在不断地变化，像是有液体颜料在墙上流动，变换出各种抽象的图案。

高思试着坐了起来，身上没有受伤，有点虚弱。这时门口走进来一个有着大大眼睛的小姑娘，年龄看起来和高思差不多。她看见高思非常高兴："哎呀！你醒过来了！"

"你是谁？这是什么地方？"高思问。

"这里是统计王国，我叫萱萱。"小姑娘笑眯眯地说。她笑起来时眼睛变成两道月牙，看起来可爱极了。"我出门时看见你昏倒在门口，就把你救了回来，你叫什么名字？"

"谢谢你，我叫高思。统计王国是什么国家？我怎么从来没有听说过？"高思一脸困惑。

听到高思的回答，萱萱的眼睛突然亮了起来，她一把抓住高思的胳膊问："你不知道统计王国？那你一定是从外面世界来的了，难怪你身上的衣服看着怪怪的。"还没等高思回答，她就转身冲了出去，还大声地叫："妈妈，妈妈，他是从外面世界来的人。"

过了一会儿，萱萱领着一位和她长得挺像的阿姨回来了，不用问，一定是萱萱的妈妈了。后面还跟着一群人，有大人也有小孩，他们无一例外地对着高思指指点点，窃窃私语，脸上都有些兴奋。他们的衣服上闪动着发光的图案，随着他们的表情和情绪在不断地变换。

萱萱妈妈对高思说："这里是统计王国，连同其他几个小国家组成了一个独立的世界。我们与外面的世界隔离，只有一条神秘通道，每隔20年会开启一次。每次开启会有一个人从统计王国去到外面的世界，或者有一个人从外面的世界来到统计王国。"

萱萱补充道："通道的开启地点和开启方向都是随机的，所以我们不能预知会是谁出去或者进来。前两次通道的开启对统计王国的发展起到了重要作用，因此看到你，我们都很兴奋。"她指了一下围着的那群人："这些都是邻居，一定要过来看看你。今年离上次通道开启正好过去了20年，大家都很关注，没想到被我碰上了。"萱萱有些得意。

高思一听有点发懵："这么说我一时半会儿回不去了？"

萱萱有些脸红，为自己的小得意表示惭愧："呃，我还没想到这个问题。"

萱萱妈妈说："你不用太担心，根据历史经验，统计王国的时间流逝速度比外面的世界快得多，你在这里呆1年，外面的世界可能才过去

1个月样子。你先休息一下，再让萱萱带你到处逛逛，了解一下情况，我们再慢慢想办法。"

高思无奈地点了点头，他心里想：小时候读了那么多数学历险故事，都是主人公意外中去了一个奇妙的世界，想不到这次让我遇上了。不知道接下来会有怎样的经历呢。这个国家的名字叫统计王国，而统计学正是自己最近正在学习的内容。想到这里，高思不禁有些兴奋。

等邻居们都散了，高思问萱萱："你们为什么叫统计王国？"

萱萱介绍道："我们这里本来叫随机王国，因为很多事情都是随机发生的，规律很难掌握。比如说天气，上一秒还是晴空万里，下一秒可能就会瓢泼大雨，紧接着可能就是冰雪肆虐，有时候连续下一个月的冰雹，也可能连续半年太阳暴晒；很多道路也都是随机的，今天可以走的路，明天可能变成一条河；生存环境非常恶劣。"

高思看了看窗外，夕阳正把树木和行人的影子拉长，微风拂向水面泛起阵阵涟漪，看起来一切都很正常。

萱萱看出了高思的疑惑，继续解释道："后来随机王国出了一位天才人物，名叫费舍尔。40年前随机通道开启的时候，费舍尔爷爷去了外面的世界，经历了一番学习和历练之后，在20年前通道开启的时候又回到了随机王国，开创了一门学问叫'统计学'。这是一门通过科学的方法来了解和掌控随机性的学问。依据统计学，费舍尔爷爷建立了一套非常精密的系统，基本掌控住了随机王国中的很多随机现象。从此生存环境大为改善，大家的日子也一天天好起来。随机王国也改名为统计王国。"

"真是一个了不起的人物！"高思由衷地赞叹。

"是啊，可惜随机管理系统建成后不久，费舍尔爷爷就闭关去了，我们再也没有见过他。为了纪念费舍尔爷爷，我们修建了费舍尔广场，如果明天我不用上学的话，就带你去看看。"稍顿了一下，萱萱又补充道："明早就知道了。"

高思有点奇怪：明天要不要上学要到明早才知道么？萱萱解释道："统计王国有很多事情的决策是有随机性的。比如明天我要不要上学取决于这盏红灯亮不亮。"

高思一看，墙上有一盏普普通通的灯。

"可别小瞧这盏灯，它背后连接到整个国家的'随机管理大厅'。管理大厅每天早上会随机决定是否点亮这盏灯。"

"所以你们墙上的颜色变化，衣服上图案变换，很多也都是随机的吗？"

"是的，接下来你会看见很多这种随机变化的东西，你会习惯的，嘻嘻！"

接下来高思果然见到了很多奇怪的事情。

晚饭吃的面包有大有小，形状也各式各样。萱萱说烤面包机烤出面包的数量、大小和形状都是随机的，做面包时只需要放入面粉，每次开锅得到的面包都不一样。

第二天早上天上出现了 12 种颜色的彩虹，连萱萱都很惊叹："出现12 种颜色的次数非常少！"

在去费舍尔广场的路上，路口交通灯的变化完全不按照规矩来，本应该是绿灯的时候出现了红灯。要不是萱萱一把拉住，高思差点就在红灯的时候走了出去。不过看起来统计王国的人完全都习以为常了。想想也是，比起之前那么混乱的情况，这些小小的随机现象又有什么大不了的呢？

这真是一个奇妙的国家！

第二章

费舍尔广场

　　费舍尔广场是一个圆形的广场，位于统计王国首都伯努利城正中央，广场东南西北四个方向各有一条大路通向伯努利城的四个城门。广场中央竖立着一座大理石雕像，雕刻的正是统计王国的功勋人物费舍尔。

　　高思和萱萱到得比较早，广场上人还不多。雕像上的费舍尔爷爷个子并不高大，身体向前微倾，眼神坚定而睿智，让人感到有一种强大的精神力量。让高思有点意外的是，雕像上的人看起来不过二十出头的样子，怎么看也不像是个"爷爷"。就算雕像是按照费舍尔20年前闭关时的样子雕刻的，按道理也得有40多岁了吧。

　　萱萱说："40年前费舍尔爷爷去到外面世界的时候大概20岁。20年前他回来的时候只是老了两岁而已。据说他在外面的世界仅仅呆了2年。"

高思心里计算着：统计王国 20 年相当于外面世界的 2 年。我来到这里已经过了 20 个小时，相当于外面世界里我已经失踪 2 个小时了。想到这里神色有些黯然。

萱萱说："费舍尔爷爷是唯一一个两次穿过随机通道的人，我们只要找到他，他肯定能有办法帮助你回去。"

"可是我们去哪里找他呢？"

"呃，这个我也不太清楚。"萱萱挠挠头，"不过明天是统计王国建国 20 周年，我们全家要去王宫参加庆祝晚宴，我可以帮你去打听。"

高思甩了甩脑袋，决定暂时把这个烦心的问题放到一边。

萱萱拉着高思走向雕像边上的一个平台，说："来，我们来玩个游戏吧。"平台上有张石桌，桌子中间放着一枚硬币，边上放着一台仪器。最为引人注目的是桌子旁边竖立着一个大屏幕，屏幕上画着一张图，图的下方有几个大字"伯努利实验结果"。图上画着两条线，其中有一条曲线，刚开始的时候起伏很大，像一条巨蟒蜿蜒起伏，慢慢地波动变小，曲线变得平缓起来，到后来基本上和另外一条水平直线重叠了，而这条水平直线的头上标了一个数字"0.5"。

萱萱拿起桌子上的硬币，随手抛了一下，硬币在桌面上嘀哩咕噜地转动起来，越转越慢，最后停在了桌子中央。硬币朝上的一面写了个数字"1"。这时，桌上的那台仪器发出了声音："伯努利实验第 99 999 次，实验结果为硬币正面朝上。累计正面朝上 50 065 次，正面朝上次数比例为 50 065 除以 99 999，等于 0.500 655。"旁边屏幕上的那条曲线似乎也稍微动了一下，但整体没什么明显的变化。

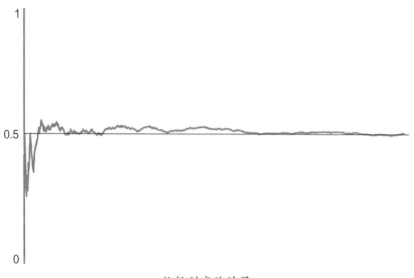

伯努利实验结果

高思一下子就明白了，这个伯努利实验实际上就是扔硬币实验。硬币正反两面分别标注了数字"1"和"0"。每扔一次硬币，仪器都会把结果记录下来，然后计算扔硬币的总次数、正面朝上的次数以及正面朝上的比例。而旁边那条曲线记录的就是正面朝上的比例随着扔硬币次数的变化而变化的情况。

萱萱解释道："这个实验是费舍尔爷爷闭关之前要求设立的，目的是为了让大家明白扔硬币这个随机性事件中的统计规律。据说伯努利是发明这个实验的人。统计王国的首都伯努利城就是以这个实验者的名字来重新命名的。"

这时一位妈妈带了一个八九岁的小男孩也来到桌子前面，小男孩拿起硬币扔了一下，还是正面朝上。仪器又发出声音："伯努利实验第

100 000 次，实验结果硬币正面朝上。累计正面朝上 50 066 次，正面朝上次数比例为 50 066 除以 100 000，等于 0.500 66。"

旁边跑过来一位穿着制服的人，看起来很兴奋。他对小男孩说："小朋友，恭喜你成为伯努利实验第十万个扔硬币的人，为此我们给你准备了一份小礼物。"说着他递给小男孩一枚制作非常精美的硬币，样子和他们扔的硬币长得很像，只是尺寸要更大一些，正面刻了一个漂亮的花体数字"100 000"，反面是一条曲线，基本上就是旁边屏幕上曲线图的缩小版。"自从第九万个扔硬币的人之后，我等待今天已经很久了。"制服男人又补充道。

小男孩非常高兴，嚷嚷道："妈妈，你看，这个硬币多漂亮啊！"他拿着硬币翻来覆去地看，突然问道："妈妈，这条曲线是什么意思？"

他的妈妈问制服男人："麻烦您给解释一下好吗？"

制服男人面露难色："我只是伯努利实验的管理员，具体的原理我也不清楚。"

小男孩有点失望。

高思见状，对小男孩说："小朋友，你知道什么叫'概率'吗？"

小男孩摇了摇头。

"概率，简单地说就是'可能性'。你看这枚硬币，有正反两面，那么扔硬币得到正面的概率，或者说得到正面的可能性为多大？"

"应该是 $\frac{1}{2}$ 吧。"小男孩想了想说。

"你为什么觉得应该是 $\frac{1}{2}$ 呢？"

"因为每次扔硬币只可能得到'正面朝上'或者'反面朝上'两种不同的结果，而这枚硬币正反两面长得基本差不多，得到正面朝上的可能性和得到反面朝上的可能性应该是一样的，因此正面朝上的可能性就是$\frac{1}{2}$了。"

高思很高兴："你真是个聪明的小朋友，那么你有没有想过'扔硬币得到正面朝上的可能性是$\frac{1}{2}$，这句话到底意味着什么呢？"

"意味着每次扔硬币会得到$\frac{1}{2}$个正面……呃，不对，每次扔硬币要么是正面，要么是反面，不可能有$\frac{1}{2}$个正面。"

"那么是不是说每扔 2 次硬币，都会得到 1 次正面，1 次反面呢？"高思又问。

"好像也不是。完全有可能得到 2 次正面，或者得到 2 次反面。"小男孩看起来有点困惑了。

"如果扔 10 次，100 次，1 000 次，甚至 10 000 次呢？会得到多少次正面？"高思继续问。

制服男人说："我这里有实际记录的数据。"说着他在桌子上的那台仪器上操作了起来，很快仪器上显示出一张表。表上面列出了扔硬币的次数、正面朝上的次数、正面朝上的比例。同时还显示了扔到相应次数的时间。萱萱解释道："统计王国的国庆是 6 月 1 日，是 20 年前改名为统计王国的日子。伯努利实验从那个时候就开始了，最开始在王宫里。后来费舍尔广场建成之后搬到了这里。你看最后一列的时间就是今天，这位小朋友刚刚扔出了第 100 000 枚硬币。"

统计王国时间	01 年 6 月 1 日	01 年 6 月 2 日	01 年 8 月 4 日	03 年 7 月 10 日	20 年 5 月 31 日
扔硬币次数	10	100	1 000	10 000	100 000
正面朝上次数	3	52	499	5 041	50 066
正面朝上比例	0.3	0.52	0.499	0.504 1	0.500 66

高思问小男孩："你看看正面朝上的比例有什么变化趋势？"

小男孩琢磨了一会儿，突然说："我明白了，随着扔硬币次数的增加，正面朝上的比例逐步接近于 0.5，也就是 $\frac{1}{2}$。"

"非常好，当我们说某件事情发生的可能性为 $\frac{1}{2}$ 时，就意味着当我们大量地重复做同样的实验时，发生该事件的实验次数大概会占到总实验次数的 $\frac{1}{2}$。由于正面朝上的可能性为 $\frac{1}{2}$，所以最终曲线基本稳定在 0.5 上下。现在你明白了吗？"

"我完全明白了。"小男孩非常高兴。

这时广场入口处传来了一阵争吵声。高思和萱萱走过去一看，原来是广场的警卫和游客产生了争执。一名年轻警卫看到萱萱很高兴："萱小姐，我以前去参观'随机管理大厅'的时候见过您。"萱萱问："你们这里怎么吵了起来？"

原来明天是建国二十周年的国庆日，今天来费舍尔广场参观的游客非常多。因此广场采取了限流措施，游客只能从三个入口进入广场。每个游客走哪个门是随机决定的。有游客质疑说为什么他走的门看起来排队人数要比别的两个门要多。

高思一看，果然有个门前的人看起来要多一些。队尾有一个瘦高个看起来很不满意，在那里直嚷嚷。他身上的衣服闪耀着红色的火焰表示愤怒。

年轻警卫很委屈："我们是严格按照队长定下的规矩来分流的。"

高思问："你们是怎么决定每个游客去哪个门的？"

年轻警卫掏出两枚硬币说："我们队长是伯努利实验的爱好者。他定下规矩，每次抛两枚硬币，如果两枚硬币都是正面朝上，就走第一个门。如果两枚硬币都是反面朝上，就走第二个门。如果是一个正面一个反面，就走第三个门。"

高思皱了皱眉头说："这个分流方案有点问题。"

"有什么问题？"高思闻声一看，一个胖胖的警卫走了过来，满脸警惕的样子。年轻警卫赶紧介绍："这是我们队长。"

高思问："你可以解释一下这么分流的原因吗？"

胖队长说："每次扔两枚硬币，得到的结果只有三种：两个正面，两个反面，一正一反。因此三种结果每一种的可能性都是 $\frac{1}{3}$。这样分配到三个门的人基本上各占 $\frac{1}{3}$。这可是我受到伯努利实验的启发想出来的方法。"胖队长看起来十分自豪。

"那你看看现在三个门排队的人数，是相等的么？"

"呃，看起来第三个门的人数是要略多一点。但是这都是随机性造成的结果，不也是很正常的吗？"胖队长底气没有刚才足了。

"如果说是随机性造成的结果，那么应该有的时候第一个门人多一些，有的时候第二个门人多一些。但我相信，现在的情况是第三个门的人通常都是最多的，是吗？"高思问年轻警卫。

"的确是这样的。"年轻警卫很好奇，"你是怎么知道的？"

高思笑了笑："主要的原因是'两个正面''两个反面'和'一正一反'这三种情况发生的可能性并不都相等，因此每种情况发生的可能性并不等于$\frac{1}{3}$。"

众人哗然。年轻警卫问："为什么是这样呢？"

高思掏出随身携带的纸和笔画了一张表。

第一个硬币	第二个硬币	结果	对应胖队长的描述	可能性
正	正	正正	两个正面	$\frac{1}{4}$
正	反	正反	一正一反	$\frac{1}{4}$
反	正	反正	一正一反	$\frac{1}{4}$
反	反	反反	两个反面	$\frac{1}{4}$

高思解释道："当我们扔两枚硬币时，第一枚硬币可能是正面，也可能是反面。第二枚硬币可能是正面，也可能是反面。两个硬币的可能结果有四种组合，即'正正''正反''反正''反反'。这四种组合发生的可能性都是相同的，因此每一种组合发生的可能性均为$\frac{1}{4}$。"

年轻警卫说："我明白了。由于'一正一反'实际上有可能是'正反'，也可能是'反正'，因此'一正一反'的可能性是 $\frac{1}{4} + \frac{1}{4} = \frac{1}{2}$。而'两个正面'只可能是'正正'，因此发生的可能性为 $\frac{1}{4}$。同样'两个反面'发生的可能性也为 $\frac{1}{4}$。"

"因此平均而言，第三个门的人会占到总人数的一半左右，而第一个门和第二个门每个门的人数只是总人数的四分之一。"高思说。

"难怪第三个门的人总是要比前两个门的人要多一些。"

"哈，我说你们的分流方案有问题吧。"那个队尾的瘦高个一直在旁边听着，这时突然插话进来。

"那我们该怎么办呢？"年轻警卫问。

"这个很简单，稍微改一下规矩就可以了：'正正'就走第一个门，'反反'就走第二个门，'正反'就走第三个门，'反正'的话就把两枚硬币重新扔一次。"

胖队长和年轻警卫赶紧行动，采用了高思的方法来进行分流。过了一会儿，三个队的人数果然都差不多了。

"真是个好办法！"胖队长现在对高思心服口服。

"实际上还有个小问题。"高思说，"这种方法会出现要重新扔硬币的情况，如果你们有骰子的话，就不会有这个问题了。"

萱萱问："骰子是什么东西？"

高思比划着说："骰子是一个四四方方的小正方块，方块的六个面分别标有数字 1 到 6。我们可以用扔骰子来代替扔硬币。如果扔出数字 1 或 2，就分配到第一个门。如果扔出数字 3 或 4，就分配到第二个门。如果扔出数字 5 或 6，就分配到第三个门。这样三个门的可能性都是 $\frac{2}{6}$，也就是 $\frac{1}{3}$。而且也不存在要重新扔一次骰子的情况了。"

萱萱想了想说："我们这里好像没有这种东西。"

年轻警卫说："我们虽然没有六个面的骰子，但我们有四个面的'幻粒'，和骰子比较类似。"说着年轻警卫一指广场中一个摊位说："那里就有。"

果然，广场中有一个摊位上写着几个大字："幻粒游戏"，旁边围着不少游客。高思和萱萱挤进去一看，一个皮肤黝黑的小贩正在使劲吆喝："来来来，看一看啦，玩幻粒游戏有机会只花 2 元购精美纪念品了！"摊位上摆满了各种各样的纪念品，以费舍尔雕像和伯努利硬币为主，标价一律为 5 元。黑脸小贩的身前摆了 2 个黑黢黢的东西，想必就是幻粒了。幻粒有四个面，每一面都是一个等边三角形，分别标记了 1 到 4 这四个数字。果然就是一个只有四个面的骰子。

一个游客拿起两个幻粒随手一扔，幻粒翻滚了几下停了下来，两个幻粒均是数字 1 朝下。人群中一阵欢呼，黑脸小贩则是一脸沮丧。游客递给小贩 2 元钱，小贩嘴里咕咕哝哝，一脸不情愿地把一个费舍尔雕像递给了游客。

原来这个游戏规则是游客随意扔这两个幻粒，将幻粒朝下那一面的两个数字相加得到一个总和，游客可以用这个总和的价钱来购买原价 5 元的纪念品。所以最便宜可以 2 元钱买一个，最贵需要 8 元钱买一个。

当然也有可能是 3 元、4 元、5 元、6 元或 7 元。平均价钱正好是 5 元。如果游客不想扔幻粒的话，也可以直接用 5 元钱买一个。不过多数游客都选择扔幻粒试试手气。刚刚那个游客手气非常好，只花 2 元钱就买了一个纪念品。

见到有人手气这么好，游客的热情高涨起来。一个长得像铁塔一样的年轻人上来扔了一把，可是运气不太好，扔出了两个数字 4，只好花 8 元钱买了一个纪念品。年轻人有点不服气，又扔了几次，结果最好的也只是 6 元。他大声嚷嚷："你这幻粒有问题吧，怎么扔出来的都是这么大的数字？"黑脸小贩说："你可不要污蔑人，你自己运气不好，怎么怪得了别人。刚刚不是有人扔出了两个数字 1 吗？"年轻人还是不依不饶，两个人就在那里吵了起来。

这时胖队长也来到了高思身边，他说："黑脸小贩和游客起争执的事情常有发生。我们一直都怀疑他在幻粒上做了手脚，但苦于没有什么证据。这幻粒表面上看起来没有任何问题。"

高思问："你们有没有观察过游客们扔出各个数字的比例？"

胖队长说："自从我们怀疑他有问题之后，就一直有记录幻粒的结果。"说着他从口袋里掏出一个小本子，上面密密麻麻地记满了游客们每次扔出的两个数字的总和。

高思在本子上开始计算起来。过了一会儿，他对胖队长说："你们猜得没错，幻粒果然被动过手脚。"

胖队长问："你怎么知道的？"

高思说："马上你就知道了。"说着他对还在争吵的小贩和铁塔年轻人提高声音说："两位先不要吵，我有办法分辨幻粒是否有问题。"人群瞬间安静了下来，大家都扭头看向了高思。

高思一扬手上的本子说："这里有警卫队长记录的扔幻粒结果，我做了统计，大家请看。"只见本子上有一张表和一幅图。表上记录了两粒幻粒数字总和为 2 到 8 的次数和比例。自胖队长记录以来，游客们总共恰好扔了 1 000 次幻粒，其中有 150 次总和为 8，占比为 15%。仅有 10 次总和为 2，占比 1%。其他各个结果的数据也都一一列了出来。另外还有一幅图，形象地画出了每个总和实际出现的比例。

两个幻粒数字总和	2	3	4	5	6	7	8	总计
次 数	10	40	100	200	255	245	150	1 000
比 例	1%	4%	10%	20%	25.5%	24.5%	15%	100%

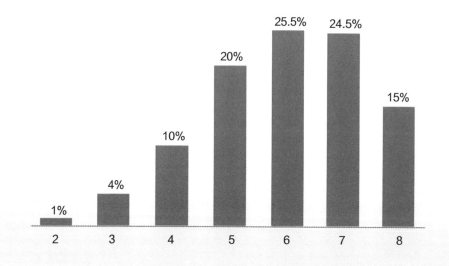

黑脸小贩不屑地说："你这能说明什么问题？"

围观游客也纷纷表示疑问。

高思不慌不忙地说："假设这两个幻粒没有任何问题，那么每个幻粒扔出数字 1 到 4 的可能性应该都是一样的，对吗？"

人群点头称是。

"扔两个幻粒所有可能的结果有 16 种。"高思边说边画了一张表。列出了所有可能的点数组合（1，1）（1，2）……果然共有 16 种不同的组合。"由于每种组合出现的可能性都是一样的，因此每种组合的可能性都是 $\frac{1}{16}$，对吗？"

幻粒 1	幻粒 2	（幻粒 1，幻粒 2）	总和	可能性
1	1	（1，1）	2	$\frac{1}{16}$
1	2	（1，2）	3	$\frac{1}{16}$
1	3	（1，3）	4	$\frac{1}{16}$
1	4	（1，4）	5	$\frac{1}{16}$
2	1	（2，1）	3	$\frac{1}{16}$
2	2	（2，2）	4	$\frac{1}{16}$
2	3	（2，3）	5	$\frac{1}{16}$
2	4	（2，4）	6	$\frac{1}{16}$

续 表

幻粒 1	幻粒 2	（幻粒 1，幻粒 2）	总和	可能性
3	1	（3，1）	4	$\frac{1}{16}$
3	2	（3，2）	5	$\frac{1}{16}$
3	3	（3，3）	6	$\frac{1}{16}$
3	4	（3，4）	7	$\frac{1}{16}$
4	1	（4，1）	5	$\frac{1}{16}$
4	2	（4，2）	6	$\frac{1}{16}$
4	3	（4，3）	7	$\frac{1}{16}$
4	4	（4，4）	8	$\frac{1}{16}$

人群再次点头称是。

胖队长一拍大腿："我明白了，出现总和 2 只有一种情况就是（1，1），所以总和 2 出现的可能性就是 $\frac{1}{16}$。出现总和 3 有（1，2）和（2，1）两种情况，因此总和 3 出现的可能性就是 $\frac{2}{16}$。以此类推，我们可以得到每个总和出现的可能性。"

高思说："正是这样。当我们重复扔幻粒时，两个幻粒总数出现的比例应该接近于它们出现的可能性。就像当我们反复扔硬币时，正面朝上的比例会接近于 0.5 一样。"他继续画了一幅图，表示如果幻粒没有问题的情况下，每个总和应该出现的比例。

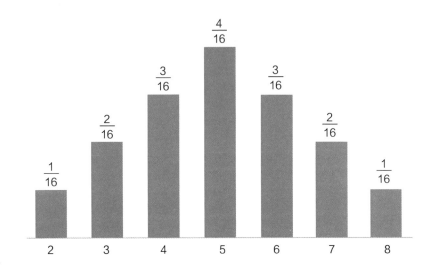

这幅图一画出来,人群一片哗然,黑脸小贩明显表情慌乱了。因为这幅图明显和刚刚高思在本子上展示的那幅图完全不一样。

高思说:"大家请看,如果幻粒没有问题,出现总和 8 的比例仅占 $\frac{1}{16}$,出现总和 7 的比例仅为 $\frac{2}{16}$。而实际上总和 8 出现比例为 15%,总和 7 出现的比例为 24.5%。明显高于应该出现的比例。显然这两个幻粒被动了手脚,使得大数字出现的可能性比小数字要高。"

铁塔年轻人一把揪住黑脸小贩:"说你有问题吧!赶紧退钱!"胖队长赶紧上前拉开了铁塔年轻人:"让我们警卫来处理吧。"说着就把黑脸小贩带回了警署。

人群一阵欢呼,衣服上纷纷闪现了古代侠客的形象,这是表示对高思的赞美呢!

第三章

神奇的大厅

临近中午，天上乌云密布，看起来一场暴雨正在酝酿。萱萱带着高思品尝了统计王国特有的"风铃果"。这种果子长得像一个风铃，每个都有拳头大小，果汁丰富，果肉厚实。最大的特点是口味随机，入口之前完全不知道将会是酸甜苦涩哪种味道，又或者是哪几种味道的混合。看着高思咬一口风铃果之后脸上那复杂的表情，萱萱笑得腰都直不起来了。

吃过风铃果，萱萱神秘兮兮地对高思说："我带你去一个好玩的地方。"说完拉着高思就钻进了广场边的小巷子里。七拐八弯之后，眼前豁然开朗，萱萱说："到了。"

高思抬头一看，只见前方出现了一座宏伟的建筑，样子长得像一口倒扣的巨大铜钟，正面写着几个大字"随机管理大厅"。难道这就是萱萱提起过的随机决定她每天要不要上学的地方？但是这地方看起来戒备森严，门口站着一排警卫，能随便进去吗？

高思正嘀咕，门口一名看着像是队长的警卫看见萱萱，笑着打招呼："萱萱，又来找你爸爸了？"萱萱笑嘻嘻地说："王叔叔好，我带朋友来参观一下。"

经过一阵繁琐的安全检查之后，萱萱领着高思走了进去。身后电闪雷鸣，暴雨终于落了下来。

刚进门，高思就被眼前的景象给震撼了。整个大厅足有一个标准足球场那么大，里面整整齐齐地摆满了一排排仪器，每台仪器上都闪动着各式各样的图表和曲线。大厅正中央有一块巨大的电子屏幕，上面显示着一幅地图，地图中间是一个圆形广场，广场四周是四条笔直的大道通向四方，想必正是伯努利城。地图上有红的、黄的各色光点在不停地闪耀。有工作人员在仪器中间走来走去。他们看到萱萱都微笑着打招呼。

这时，一位身材高大的中年人走了过来，萱萱嘴巴一噘说："爸爸，昨天晚上你又没有回家。"中年男人抱歉地说："萱萱，最近随机管理大厅出了些小问题，作为国民部长我必须在场处理。"

高思恍然大悟，原来萱萱的爸爸正是统计王国的国民部部长，随机管理大厅的直接负责人。难怪他们全家会受邀出席明晚的王宫国庆晚宴。萱萱想必是经常到这里来玩，所以和工作人员都很熟悉。而之前那个广场警卫才能在这里看见她。

萱萱爸爸转向高思："你就是从外面世界来的高思？今天在费舍尔广场上干得不错。"看起来已经有人向他通报过高思的情况了。

高思点头道："叔叔好。"

萱萱爸爸盯着高思看了好一会儿，若有所思地点了点头，对萱萱说："你带着高思参观一下。"

萱萱带着高思来到一台仪器前："看，这就是随机决定我们是否需要上学的仪器。"高思一看，这台仪器的上方显示着一行字"上学：伯努利分布：参数 0.8"。仪器中间显示的是一枚硬币，和伯努利实验的那枚硬币长得有点像，但是这枚硬币的一边有明显的凸起，看起来比另外一边要重很多。像个小丑的鼻子，样子有点滑稽。

萱萱解释道："'上学'是指这台仪器的用途，'伯努利分布'是采用的随机控制方法。实际上就是伯努利扔硬币实验，只不过这枚硬币不是对称的，'参数 0.8'表示它正面朝上的可能性为 0.8。"

高思问："所以每天早上这台仪器为统计王国的每个学生扔一次这枚不对称的硬币，如果正面朝上，这个学生就要去上学，否则就不上学？"

"是的，由于硬币正面朝上的可能性为 0.8，因此每天大概只有 80% 的学生要去上学，而剩下大概 20% 的学生不用上学。而对于每个学生而言，如果 0.8 这个参数保持不变的话，平均 100 天里大概只有 80 天需要上学。"

高思笑着说："那你一定想把这个参数 0.8 调成 0 吧？这样每天都不用上学了。"

"我也想啊！"萱萱扮了个鬼脸，"但是这些参数的调整都要经过严格的程序，可不是说调就能调的。"她指着仪器下方的一张表格说："你看，这里写着参数的调整计划。今天 5 月 31 日，参数 0.8。明天 6 月 1 日，参数 0。因为明天是国庆日，所有的学生都不用上学。后天 6 月 2 日，参数又变成 0.8 了。"

高思看了看周围的仪器，有的写着"上班：伯努利分布：参数 0.9"，有的写着"交通限行：伯努利分布：参数 0.1"，等等。

萱萱指着头顶上一块牌子说："这个区域是'伯努利分布区'，全部是用扔硬币的方法来进行随机控制的，决定的事情都是'要'与'不要'：要不要上学啊，要不要交通限行啊，等等。"

高思抬头一看，果然牌子上写着"伯努利分布区"。他扫向大厅其他区域，看到了各式各样的牌子，上面写着"二项分布区""泊松分布

区""均匀分布区""正态分布区"等等。

他问萱萱："控制彩虹颜色数量的仪器一定在'泊松分布区'吧？"

萱萱说："是的，就在这边。"

说着萱萱领着高思来到泊松分布区的一台仪器前，只见上面写着"彩虹：泊松分布：参数 7"。仪器上还画着一幅图，图上标记着"彩虹颜色数量的可能性"。

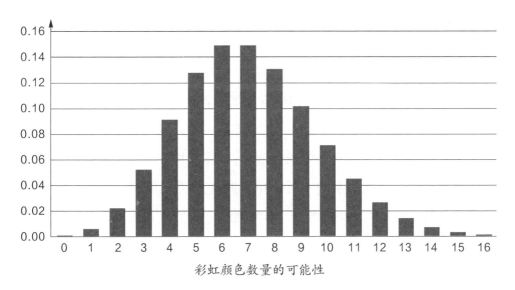

彩虹颜色数量的可能性

萱萱说："这幅图画出了每种彩虹颜色数量的可能性。目前的参数设为'7'，颜色数量可能性最大的为 6 和 7，各有大概 15% 的可能性。因此我们最常见的彩虹都是 6 色或者 7 色的。今天早上我们看到的 12 色彩虹出现的可能性仅仅只有 2% 多一点，非常罕见！"

高思说："泊松分布专门用来刻画彩虹颜色数这种'计数型'的随机可能性。你们这里还有些什么计数是用泊松分布来控制的？"

萱萱说："那可多了，比方说我们每周体育课的节数、每盒爆米花的数量、每晚天上星星的个数等等，都是用泊松分布来控制的。还有家里的烤面包机里也有泊松分布控制器，用来控制每次烤出面包的个数。"

"你们没有控制天上太阳的个数？"

"这个我们不敢，太阳还是一个比较好。要是没太阳了，我们会被冻死，有两个太阳我们会被热死。"

高思想起了后羿射日的故事，觉得萱萱说得有道理。

高思现在明白了，原来这里是利用统计学里的各种各样的分布来进行随机控制的。这个大厅可以说是统计王国最为重要的地方，整个王国的运作都在这里掌控。难怪门口的守卫那么森严。

突然大厅的门口出现一阵轻微的骚乱，高思扭头一看，只见一个矮个子男人正满脸怒气地向萱萱爸爸抱怨："陈部长，今天又下暴雨了，你们国民部是怎么控制雨水的？再这样下去地里的庄稼都要被泡烂了。"萱萱爸爸一脸歉意地说："张部长，非常抱歉，我们正在加紧调试，但还需要点时间。"

萱萱对高思说："这个人是农业部长，最近由于下雨的事情来找过我爸爸好几次了。"

"找你爸爸干什么？"

"你先来看看这个。"萱萱拉着高思来到"正态分布区"的一台仪器前，上面写着"雨水：正态分布：参数（均值 30，标准差 10）"，显然是用来控制降雨量的。下面画着一条"降雨量分布图"曲线，样子长得像一个倒扣的铜钟，和随机管理大厅的外观差不多。

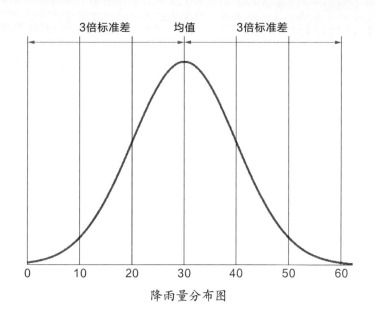

降雨量分布图

"我们用这条曲线来控制每天降雨量的大小。现在的'均值'为30，表示平均每天的降雨量为30毫米。降雨量绝大多数都会集中在'均值减去3倍标准差'到'均值加上3倍标准差'之内。现在'标准差'为10，因此大部分的降雨量均集中在区间［30－3×10，30＋3×10］，也就是在0毫米到60毫米之间。这条曲线中间高，两边低，表示降雨量位于均值附近的区间的可能性比较大，而位于远离均值的区间的可能性比较小。"

高思问："你们的庄稼最大能承受多大的降雨量？"

萱萱说："听我爸爸说，统计王国今年换了一种新的庄稼，对雨水比较敏感，最大降雨量最好不要超过40毫米。但在我们现在的设置下，降雨量超过40毫米的可能性不算小，最近连着下了好几场暴雨，降雨量都在40毫米以上。所以农业部长很着急。"

"那你们直接把标准差设定为 $\frac{10}{3}$，这样一来降雨量基本上都集中在区间 $\left[30 - 3 \times \frac{10}{3}, 30 + 3 \times \frac{10}{3}\right]$，也就在 20 毫米到 40 毫米之间。不就可以了？"

"年轻人，没有那么简单。"

高思扭头一看，原来张部长和萱萱爸爸也走了过来。

张部长说："我们同时要求有一定比例的降雨量低于 20 毫米，这样才能保证庄稼长得比较好。所以你这个方案是行不通的。"

"那把均值设置为 20，标准差还是 $\frac{10}{3}$ 呢？"高思继续动脑筋。

"这样的话降雨量主要会集中在 $\left[20 - 3 \times \frac{10}{3}, 20 + 3 \times \frac{10}{3}\right]$，也就在 10 毫米到 30 毫米之间，可以保证有一定比例的降雨量低于 20 毫米，同时也基本不会超过 40 毫米，看起来好像可以。"萱萱说。

"还是不行，为了保证庄稼有足够的雨水，每天的平均降雨量必须保持在 25 毫米以上，也就是说均值至少得为 25 毫米。"张部长又否定了这一方案。

高思问："我们要求降雨量低于 20 毫米的比例至少为多大？另外降雨量超过 40 毫米的比例最多可以为多少？"

张部长说："降雨量低于 20 毫米的比例不能低于 16%，而超过 40 毫米的比例最多不能超过 2.5%。"

"这庄稼的要求还真高啊！"萱萱抱怨道。

"我们对正态分布的了解极为有限，因此只能通过不断的调试来找到合适的参数，但目前还没有找到好的参数组合。"萱萱爸爸说。

高思拿出一张纸演算了一会儿，说："我找到答案了！"

其他三个人都两眼放光盯着高思，等待着他的解释。

高思说："我们需要设定合适的'均值'和'标准差'使得降雨量满足三个条件：

（1）均值至少为 25 毫米；

（2）降雨量低于 20 毫米的比例不能低于 16%；

（3）降雨量超过 40 毫米的比例最多不能超过 2.5%。

对不对？"三人点头称是。

高思继续说："关于正态分布我略微有点了解，它有两个重要的性质恰好可以用上：（1）降雨量低于'均值－1 倍标准差'的可能性大概为16%；（2）降雨量超过'均值＋2 倍标准差'的可能性大概为 2.5%。"

萱萱爸爸的反应很快："这样一来，只要 20 毫米比'均值－1 倍标准差'要大，降雨量低于 20 毫米的可能性就会比降雨量低于'均值－1 倍标准差'的可能性要大，也就是高于 16%。"

萱萱也反应了过来："类似的，只要 40 毫米比'均值＋2 倍标准差'要大，降雨量超过 40 毫米的可能性就会比降雨量超过'均值＋2 倍标准差'的可能性要小，也就是不超过 2.5%！"

高思说："是的。如果我们假定'均值'为 x，'标准差'为 y，则我们只需要 x 和 y 满足三个条件：（1）$x \geq 25$；（2）$x-y \leq 20$；（3）$x+2y \leq 40$。"他扬了扬手中的纸："这里我画了一个图来表示符合条件的 x 和 y 的范围。"

三人凑过去一看，只见高思在纸上画了三根直线：一根实线，一根虚线，还有一根点状线。

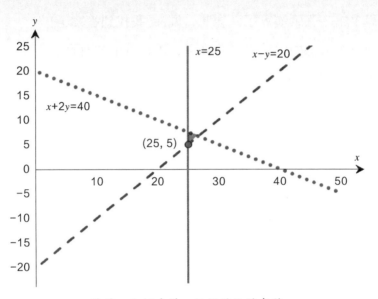

均值 x 和标准差 y 必须满足的条件

高思解释道："这根竖着的实线表示 $x=25$，满足 $x \geq 25$ 的点都在这根线的右边。虚线表示 $x-y=20$，满足 $x-y \leq 20$ 的点都在虚线的上边。最后这根点状线表示 $x+2y=40$，满足 $x+2y \leq 40$ 的点都在点状线的下方。因此最后满足条件的点只能是这三根线夹在中间的那一部分，也就是图中央的那个小小的三角形。"

"哇，原来满足条件的均值和标准差只有这么一点点！难怪爸爸调试了这么长时间也没有找到。"萱萱惊叹道。

萱萱爸爸高兴地说："那我们选取这个三角形下面的那个顶点，也就是均值 $x=25$，标准差 $y=5$，就可以满足所有的三个条件了。"

张部长更是兴奋得手舞足蹈。他使劲拍着高思的肩膀说："小兄弟，真有你的。"

第四章

王宫晚宴

第二天晚上，萱萱全家去王宫参加统计王国建国 20 周年的庆祝晚宴。令人意外的是，萱萱爸爸让高思跟着一起赴宴，说是统计王国国王亲自邀请的。高思很兴奋，他可以亲自去打听费舍尔爷爷的下落了，这可能是他回家的唯一希望。

王宫坐落在费舍尔广场的西北方向。他们赶到的时候天色已经暗了下来，王宫门口的喷泉配合灯光随机变幻着造型，到处都亮起了红色的灯笼，十分喜庆。

晚宴设在王宫的正殿里，共有三十多桌。高思他们坐在靠里面的位置，就在国王桌子的隔壁，可见萱萱爸爸在统计王国的地位很高。除了萱萱一家，高思谁都不认识，坐下之后只好先专心吃东西。好在统计王国的菜的味道也不都是像风铃果一样随机，大都稳定而鲜美，高思吃得倒也津津有味。

宴会进行到一半，侍女为每个人端上了一个小托盘，上面放着三个杯子，一个大杯子里应该是热水，另外两个小杯子里看起来像是浓茶和牛奶。萱萱介绍道："这是统计王国著名的高山奶茶。茶叶和牛奶都产自王国东部的古奇山脉，将它们混在一起冲泡成奶茶，味道丝滑浓郁，是我们招待客人的最佳饮品。由于每个人的口味都不太一样，因此我们会把茶和奶分别端上来，让客人自行酌量冲泡。"萱萱说着就把半杯茶和一杯奶倒进了自己面前的热水杯子里，搅拌之后端起来喝了一口，脸上一副很享受的表情。

高思观察了一下周边的客人，发现有的人是先放茶进水杯，后放奶，有的人是先放奶，后放茶。就问萱萱："先放茶还是先放奶有讲究吗？"萱萱说："这个没关系，味道都一样的。"

"这你就错了，萱小姐。"

高思和萱萱闻言扭头一看，坐在国王那一桌的一位气质高雅的女士正含笑看着他们。

萱萱起身弯腰施了个礼道："萱萱见过琴公主。"原来这位女士正是国王唯一的妹妹，统计王国的公主。

琴公主说："根据我多年喝奶茶的经验，先加茶还是先加奶，奶茶味道是有细微区别的。"

还没等萱萱说话，琴公主身边一位四十来岁的男子发话了："哦？我喝了这么久的奶茶还是第一次听说有这种事情。你不是在开玩笑吧？"原来正是统计王国的国王。

"王兄，你若是不相信，我可以测试给你看。"

国王一听来了兴致："怎么测试法？"

"很简单，你泡一杯奶茶，不要告诉我是先加的茶还是先加的奶。看我喝一口能不能判断出来不就行了。"

国王说："这是个好办法，来人，给公主准备一杯奶茶。"

周边几桌的人都被这个实验所吸引，纷纷围了过来。

一杯奶茶端了上来。大家都盯着琴公主。

只见她端起奶茶抿了一口，细细品味了一会儿，然后说："这杯是先

加茶的。"

大家又转头看端来奶茶的侍女。她见这么多人盯着自己，紧张得有点结巴："是…是先加…加茶的。"

赞叹声四起，"琴公主真厉害！"

"且慢下结论。"一个红脸男人说，"一杯奶茶不能说明什么问题。"

"大法官有什么高见？"国王问道。原来这个红脸男人是统计王国的大法官，一向以公正严谨而闻名。

大法官说："就算随机猜一下，也有 50% 的可能性猜对。因此判断对一杯奶茶并不能说明公主一定能够辨别先加奶还是先加茶。"

众人一听，纷纷点头。

琴公主说："这个好办，我再测试一杯好了。"

大法官说："就算两杯都判断对了，也不能确信公主是随机猜的还是的确有分辨的能力。因为就算随机猜，两杯都猜对的可能性也有 50% × 50% = 25%，这也不是一个很小的可能性。"

国王皱眉道："那怎么办？按照这个逻辑，无论公主判断对多少杯也都不能 100% 确信她是真的有分辨能力。"

大法官犯了难："这个……"

国王环顾四周："哪位知道如何解决这个问题？"

众人面面相觑，谁也没想到喝个奶茶会惹出事情来。

这时人群中一个瘦高少年说："我可以试试。"正是高思。

国王看向高思："你是何人？"

萱萱爸爸解释道："他就是来自于外面世界的高思。"

国王一听，上上下下打量了一下高思，说："原来你就是高思。昨天你在费舍尔广场和随机管理大厅干得都很好。"接着话锋一转："奶茶这件事情，你怎么看？"

高思环眼看了一下四周，待大家都静下来看向他，才好整以暇地说："刚才公主判断对了一杯奶茶，大法官觉得不足以说明问题。那么假设公主连续判断对 1 000 杯奶茶，你们还会觉得公主是随机猜测的吗？"

大家纷纷表示那一定不是随机猜的。

高思又问："那有没有想过这个推理过程是怎样的？"

大家表示，这不是常理吗？

高思说："这的确是常理，但背后的统计学推断过程是这样的：如果公主真的是随机猜测，那么'连续猜对 1 000 杯奶茶是先放茶还是先放奶'这件事情的可能性为 50% 的 1 000 次方，几乎为 0，大家都不相信这件事情会发生。因此如果它真的发生了，我们只能认为前提假设'公主是随机猜测'是错误的，也就是说公主真的是凭借自己的能力分辨出来的。"

大家一想，好像是这么回事。

"但是难道真的让公主连猜 1 000 杯么？"有人提出质疑。

高思回答道："我们不需要测试 1 000 杯这么多。但具体需要测试多少杯取决于各位认为'可能性多小的事情'不会发生。"

"什么叫'可能性多小的事情'不会发生？"大家一头雾水。

"刚刚说到的公主'凭随机猜测连续猜对 1 000 杯奶茶是先放茶还是先放奶'这件事情理论上也是可能发生的，但由于其发生的可能性仅为

50% 的 1 000 次方，几乎为 0，因此大家不相信它会发生，对吧？这就是说，大家认为'可能性为 50% 的 1 000 次方的事情'不会发生。"

大家点头表示明白了。

"但实际上这个可能性还没有小到 50% 的 1 000 次方这么小的时候，很多人就认为事情不可能发生了。我相信在座的各位有很多人认为'可能性为千分之一的事情'就不会发生了，对么？"

人群中有不少人点头称是。

"所以大家说说看，你们认为'可能性多小的事情'不会发生？"

有人说千分之一，有人说百分之一，也有说十分之一的，不过说百分之几的居多。

高思总结道："大家普遍认为百分之几的可能性已经很小了，为了保守起见，我就设定为'可能性为千分之一的事情'就不会发生。因此只需要公主连续判断对 10 杯奶茶，我们就可以认为她的确是凭借自己的能力分辨出来的了。"

"这是为什么？"国王问。看起来他的脑子还没有完全拐过弯来。

高思解释道："如果公主是随机猜测的，那么'连续判断对 10 杯奶茶'的可能性仅为 50% 的 10 次方，也就是 0.000 98，已经小于千分之一了。既然大家不相信'可能性为千分之一的事情'会发生，那么就只能相信公主不是随机猜测的了。"

国王说："这下我明白了。"他转向琴公主："王妹怎么说？"

琴公主说："测试 10 杯就 10 杯吧，我没有问题。"

侍女马上去准备，人群的兴致又高昂起来。

不一会儿，10杯新泡好的奶茶端了上来，它们有的是先加茶的，有的是先加奶的，具体先加的什么写在一张纸上，现在放在国王手中。

琴公主不紧不慢地品尝奶茶，每品尝完一杯就在纸上记下是先加茶还是先加奶。很快，10杯奶茶都品尝完了。琴公主将手中的纸递给了国王。

国王将两张纸同时举起来，不过只给大家看到了第一杯的结果：侍女的纸上写的是"奶"，琴公主的纸上也是"奶"，正确！国王慢慢地给大家逐步展示第二杯的结果，也正确！第三杯，第四杯……

每一杯的结果都是正确的！

人群一阵欢呼。

国王说："王妹果真了得！"

琴公主依然是那副微笑的表情，完全不觉得这是一件多么了不起的事情。她对国王说："王兄不要忘记了，全靠这位高思小兄弟才能设计出这个令人信服的实验。"

国王看了一眼高思，不过也没有说什么。倒是大法官非常欣赏高思，拉着他说了好一会儿话。

第五章

奇怪的地图

在一场精彩的歌舞和烟花表演下，宴会气氛达到了高潮。烟花表演一结束，国王站起身，用锐利的眼光扫了一遍全场，大殿里顿时安静下来。

国王开口道："各位，今天是统计王国建国 20 周年的日子，但有些历史，可能不是所有人都清楚。"

高思一阵激动，国王要讲的事情很可能和费舍尔爷爷有关联。他正苦于不知道如何打听费舍尔爷爷的下落呢。

国王继续说道："多年以前，当我们还叫随机王国的时候，万物随机无序，规律难以掌握，民众生活非常困苦。所幸天赐英才，费舍尔王兄在机缘巧合之下从外面的世界学习并发扬了'统计学'，我们才得以掌控随机规律，王国逐步走上正轨，随后便更名为统计王国，迄今已有 20 年。先王感念王兄大功，收他为义子，因此我也一直尊称他为王兄。"

"但可惜的是，费舍尔王兄在设计并监督建造完随机管理大厅之后便宣布闭关。临行前王兄向我言道，统计学的理论和方法还没有发展成熟，他需要时间去思考和完善。由于王兄走得匆忙，统计学的很多基础知识我们尚未能完全掌握。但王兄设计的随机管理大厅的确是精妙绝伦，这 20 年来非常精准地掌控着各类随机现象，保证了王国的平稳运行。"

高思这才明白为什么统计王国的人看起来对统计学不是很精通，还经常需要他来出面解决统计学的问题。

国王继续说："费舍尔王兄临行前嘱咐我 20 年后再派人去找他。今天看来，20 年这个期限大有深意。"说到这里，国王好像有意无意地往高思他们这张桌子瞟了一眼。

"最近这段时间，随机管理大厅开始出现一些小问题，虽然不至于影响大厅的正常运行，但可以看出，这套系统经过 20 年的运行，开始变得不太稳定。想必费舍尔王兄早已预见这一点，因此才要求我们现在派人去找他。"

高思注意到国王一直说的是去"找"费舍尔爷爷，而不是去"见"费舍尔爷爷，听起来国王也不知道费舍尔爷爷在哪里么？

果然，琴公主问道："那就选派合适的人去就是了，这也不是什么难事，为什么王兄看起来忧心忡忡？"

国王道："因为我也不知道费舍尔王兄在哪里。"

众人哗然。

国王解释道："王兄闭关的地方极为隐秘，他也没有告诉我在哪里，想必自有他的用意。现在唯一的线索是他留给我的这张地图。"说完他从怀中掏出一张地图展示给大家。

这张地图画在一块黄色的丝质手帕上，看起来已经有些年头。上面用很简略的线条标记出了一些城市、道路、山川、河流等。最为引人注目的是位于地图左边中部的一个城市，上面标了一颗大星星，边上写着"伯努利城"，正是他们现在所在的首都。萱萱向高思解释道："整个统计王国的地势西低东高，出了首都往东走，经过一些平原和丘陵之后，基本都是些高山和森林。人口大多集中在西部。"她又指着地图上一条东西走向的虚线说："这是从东面古奇山脉上流下来的河流，叫做'天堂河'，流经伯努利城汇入西边的大海。"

琴公主道："既有地图，王兄大可不必如此忧心。"

国王苦笑道："王妹未曾注意，这地图和我们平时看到的统计王国地图没有什么两样，也没有标注任何特别的地点指向费舍尔王兄闭关的地方。这20年来我把地图翻来覆去不知看了多少遍，也没有看出什么端倪。现在请大家一起参详。"

大家议论纷纷，但一时半会儿也没有什么头绪。

高思思索了一会儿问萱萱："平时你看到的地图都画在什么上面？"萱萱说："都是画在羊皮纸上的……啊！这地图画在丝手帕上，非常罕见，是不是有什么讲究？"

琴公主正好听到，就问高思："小兄弟你有什么想法？"

高思说："我曾经听闻有一种制作隐秘地图的方法，是在丝线中夹杂棉线，用有颜色的液体浸湿之后就能将棉线显示出来。费舍尔爷爷说不定在外面的世界学到了这种方法。"

琴公主说:"我们一试便知。"

萱萱说:"我这里有颜料。"她从身边取出一个小瓶子,里面装的是红色的颜料。她喜欢画画,平时身边都带着这些东西。她找了点水将颜料化开,倒了一点涂抹在地图上,浸润出一小块红色。

过了一会儿,萱萱突然叫了起来:"你看这块红色中间好像出现了一条深颜色的线!"大家一看,果然有一条不太明显的线条穿过了红色区域,但离开红色区域就消失了。

萱萱说:"我明白了,这条线是织在丝线中的棉线。丝是黄色的,棉线也是黄色的,因此平时看不出来。这块地方染了液体颜料,丝线吸收的颜料少,棉线吸收的颜料多,就显露出来了。"

琴公主和国王都感叹道:"真是绝妙的设计!"

萱萱当即用小画刷把颜料涂抹在地图上,一些线条慢慢地显露出来。这些线条都是从伯努利城出发,但是指向三个不同的终点。

萱萱说:"这些应该就是去找费舍尔爷爷的路线了,可是有三条,到底哪一条才是对的呢?难道我们要一条条地去试么?"

高思说:"这三个终点分别位于东、南、北,一旦第一条线路选得不对,再去其他的线路就太耗费时间了,应该还有其他的线索。"

他把涂了颜料的地图翻看了几遍,发现地图上还有些边角地带没有涂上颜料。萱萱赶紧把剩下的一点颜料都涂了上去。果然,在一个角上出现了两行数字。第一行上写着 1、2 和 3。第二行上写着 0.3,0.5 和 0.2。

萱萱说："数字1、2、3应该分别代表这三条线路，可是0.3、0.5和0.2又代表什么呢？看起来不太像是每条线路的长度啊？"

高思盯着地图思考了一会儿，突然两眼放光，像是明白了什么。他问萱萱："你看0.3、0.5和0.2这三个数有些什么特点？"

萱萱想了想说："它们三个数加起来等于1。"

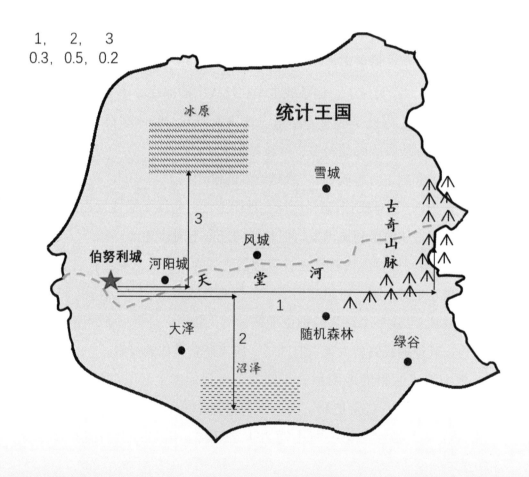

1, 2, 3
0.3, 0.5, 0.2

"是的，那这有没有让你想起什么？"高思问。

萱萱突然恍然大悟："我知道了，这三个数字分别代表这三条路线的可能性，第一条线路有 30% 的可能性，第二条线路有 50% 的可能性，第三条线路有 20% 的可能性。总共只有三条线路，所以它们的可能性加起来必须是 100%，也就是 1。"

琴公主问："是不是应该选择可能性最大的路线，也就是第 2 条？"

高思摇了摇头说："要是这样的话，就干脆只画第 2 条路线就好了，完全没必要去画另外两条。"

萱萱说："要不然这代表费舍尔爷爷平时喜欢呆在这三个地方，30%的时候在第一个地方，50% 的时候在第二个地方，20% 的时候在第三个地方？"

高思问萱萱："你看看这三条线路的终点，都认识是什么地方吗？"

萱萱仔细看了看说："第一条线路通往东边的古奇山脉，终点看起来在山顶上。第二条线路通往最南边的沼泽地带。第三条线路通往最北边的冰雪荒原。"接着她又露出思索的表情："这三个地方都不适合人居住。通往山顶几乎没有可以走的路，沼泽地带布满了沼气，而且有毒虫猛兽出没。冰雪荒原更是无人区。"

国王这时插话道："费舍尔王兄给我这幅地图的时候曾说，统计学是一门讲究'中庸之道'的学问。不知道这话和这地图有没有什么关联。"

高思说："之所以说是'中庸之道'，是因为统计学非常关注平均值。这恰好印证了我的猜想：最终的线路是这三条线路的平均，只不过计算平均值的时候要用到 0.3、0.5 和 0.2 这三个不同的权重!"

萱萱赶紧拿出一张纸,画了一张表计算了起来。路线 1 先向东走了 200 千米,再向北走了 20 千米。路线 2 先向东走了 80 千米,再向南走了 100 千米,也就相当于向北走了 -100 千米。路线 3 先向东走了 40 千米,再向北走了 100 千米。

	路线 1	路线 2	路线 3	平 均 路 线
往东走	200	80	40	$200 \times 0.3 + 80 \times 0.5 + 40 \times 0.2 = 108$
往北走	20	-100	100	$20 \times 0.3 - 100 \times 0.5 + 100 \times 0.2 = -24$

因此,真正的线路也应该是分为两段,第一段往东走,第二段往北或者南走。第一段往东走的距离是三条路线往东走的距离的平均值,只不过不是简单的平均,而是要考虑 0.3、0.5 和 0.2 的权重,为 108 千米。同样的,第二段应该往北走 -24 千米,也就是往南走 24 千米。

萱萱用手指点在伯努利城上,先往东移动了 108 千米,再向南移动了 24 千米,叫道:"就是这里了!"

高思看着萱萱指的地方,只见那里画了一些树木一样的东西,并有个标记写着"随机森林"。他皱眉道:"好奇怪的名字!这是个什么地方?"

萱萱兴奋地说:"肯定就是这里了。这个地方是统计王国最为神秘的地方,传言森林里的道路经常随机变换,所以叫'随机森林'。那里盛产味道甜美的蘑菇和木耳,早年常有人去采摘,但经常有人迷路。渐渐就没有人去了。"

国王说："这的确像是费舍尔王兄喜欢居住的地方。"

琴公主说："现在王兄只需要选择合适的人去随机森林就行了。"

国王转身面对大家说："费舍尔王兄临别时有言，将来去找他的人必须为人正直，而且要对统计学有很好的掌握，想必也有深意。各位可有合适人选推荐？"

琴公主笑道："这里就有现成的人选，王兄难道忘记了吗？"说着往高思一指。

高思吓了一跳，他虽然也想要去找费舍尔爷爷，但可从没想过代表整个统计王国去找他。

国王沉吟了一会儿，没有说话。

这时，萱萱爸爸走出来说："我也认为高思是合适的人选。他对统计学的认知超过我们所有人，而且通过这两天的观察，他绝对是一个正直的小伙子。"

接着又有三个人走出来说："我们也推荐高思。"其中两个人是红脸大法官和昨天在随机管理大厅碰见的农业部张部长。还有一个穿着制服的人高思不认识，萱萱说那是公安部长。估计是听手下汇报过高思昨天在费舍尔广场的事迹。

国王盯着高思看了好一会儿，终于下定了决心："各位，高思小兄弟看起来是最合适的人选。他恰好在统计王国建国 20 周年的时候从外面世界来到这里，昨天在随机管理大厅帮我们解决了一个重要问题，今天又解开了费舍尔王兄的地图之谜，可见冥冥之中自有天意。各位对此可有异议？"原来国王本来对委派高思这样一个外来人担此重任有所顾虑，但看到这么多人推荐他，而高思也的确体现出高人一等的统计学才华，因此还是决定派高思去随机森林寻找费舍尔。

众人见国王亲自发话，又有公主和一众重臣的推荐，再加上刚刚看到高思在品茶实验和地图解密中大发神威，哪里会有什么意见。

国王当下任命高思为国王特使，代表统计王国去随机森林寻找费舍尔。鉴于高思不太熟悉王国的情况，同时委派萱萱作为助手随行。事不宜迟，第二天就出发。

第六章

小城警长

出了伯努利城往东，走个大半天就到了一个叫河阳的小城，该城因位于天堂河的北岸而得名。城市虽小，但天堂河中水产丰富，再加上离伯努利城比较近，居民的生活普遍比较富足。

高思和萱萱刚进城门，就看见一群人围在城墙里的一个公告牌前指指点点。他们挤进去一看，公告上用大红字写着："经长期跟踪研究发现，本城卖出的冰淇淋越多，入室盗窃案件就发生得越频繁。为保障居民财产安全，即日起禁止贩卖任何冰淇淋，违者以盗窃罪论处。"落款是河阳城警长。

围观的人群反应热烈。有人表示困惑，有人表示赞同。比较沮丧的是小朋友们，有个小胖子看起来都快要哭了："妈妈，我再也没有冰淇淋吃了吗？"

这时又来了一群人奋力挤到了公告栏前面，为首的一个大个子情绪激动，在那里直嚷嚷："这不是瞎胡闹吗？盗窃案和我们卖冰淇淋的有什么关系？"跟着的那群人纷纷表示附和。原来是城中的冰淇淋店老板们听到消息都赶过来了。

"谁说这是瞎胡闹了？"有声音从人群后面传过来。

大家扭头一看，几个穿着警察制服的人走了过来。说话的是为首的一个微胖的中年人。人群自动让开一条道路让他们走到了公告牌前。

中年人说："我就是本城的警长。冰淇淋的销量和入室盗窃案的关系是我经过潜心研究得出的结论，有坚实的数据作为支撑。哪轮得到你们来妄加评论？"

大个子冰淇淋老板很不服："把你的数据拿出来看看，让大家评评理。"

警长冷笑一声："料到你们会这么说，我早有准备。"

他转向围观的人群，提高音量道："各位，本城居民富足但民风淳朴，引得盗贼团伙十分猖獗。前任警长因缉贼不力被撤职。本人接任以来，秉承统计学精神，着力收集分析有关数据。经过一年来的努力，最近终于被我发现这一重要规律，大家请看。"

一个年轻警察展开手中的一卷纸，只见上面画着一幅图。

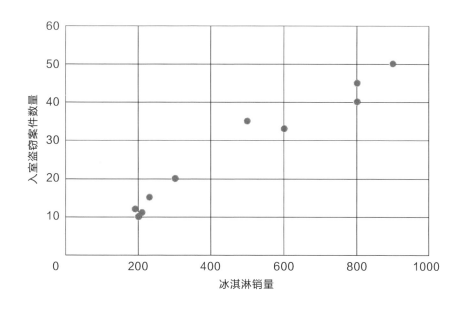

警长解释道："这是我们在过去一年收集的每个月里冰淇淋销量的数据和入室盗窃案件数量的数据。图上的每一个点表示一个月份，横坐标表示该月的冰淇淋销量，纵坐标表示该月的入室盗窃案件数量。很显然，冰淇淋销量越多，入室盗窃的案件数量也越多。因此，为了遏制入室盗窃案件数量，我禁止贩卖冰淇淋不是理所当然的吗？虽然对于各位冰淇淋老板们是有些苛刻，小朋友也有一段时间不能吃冰淇淋了。但是为了河阳城的长治久安，这一点小困难还克服不了吗？"

冰淇淋老板们目瞪口呆，虽然觉得好像哪里不对，但事实面前他们也无力反驳。

警长环顾四周，一副非常得意的样子。

突然，人群中一个高个少年发话了："警长，你这个结论有问题。"正是高思。

警长眯起了眼睛："你是何人？凭什么怀疑我的结论？"

高思说："我只是一个普通中学生而已。难道你没有思考过，为什么冰淇淋销量会影响入室盗窃案件数量？这两件事情看起来风马牛不相及。"

警长说："我当然考虑过，虽然没有什么明确的原因，但数据摆在这里，我不得不信。说不定冰淇淋有什么神秘力量，使得盗贼们跟随冰淇淋而作案。"

高思笑道："其实原因非常简单。警长只要你再画一个图就清楚了。"说完他对拿着纸的年轻警察耳语了几句。年轻警察点了点头，拿出一支笔在纸的另一面画了起来。

过了一会儿，高思举起纸说："大家请看，这是一幅新的图。图上画的是冰淇淋销量和入室盗窃案件数量随着月份的变化而变化的情况。虚线表示冰淇淋销量，实线表示入室盗窃案件的数量。很明显，它

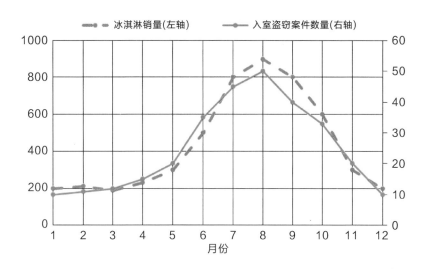

们都随着月份的变化而变化，而且变化趋势非常接近。大家想想这是为什么？"

大个子冰淇淋老板一拍大腿："我明白了！天气越热的时候冰淇淋卖得越多，越冷的时候卖得越少。而天气热的时候大家不关门窗的时候多，因此入室盗窃案件就多。而冬天的时候大家都紧闭门窗，入室盗窃的案件自然就少了很多。"

高思说："就是这个原因。气温才是影响入室盗窃案件的主要因素，冰淇淋销量只是恰好也受气温影响而且变化趋势和入室盗窃案件数量的变化趋势一致而已。"

这下轮到警长目瞪口呆了。他愣了好一会才回过神来问："那要怎么解释我画的那幅图呢？"

高思耐心地解释道："你画的那幅图中，的确是冰淇淋销量越高，入室盗窃案件数量就越多。但这只能说明'冰淇淋销量'和'入室盗窃案件数量'这两个'变量'之间存在着相关性，不能说明它们二者之间存在着因果关系。这就是所谓的'相关不意味着因果'。"

警长问："小兄弟你到底是什么人？"

萱萱笑嘻嘻地说："这位正是国王新任命的特使大人，代表统计王国前去迎接费舍尔大人。"

警长一听，两眼发光："哎呀！原来您就是特使大人！您可得帮我一个忙。"原来国王已经加急通知沿路城镇关于特使的事情，以便在高思需要时给予协助。

高思问："帮什么忙？"

警长拉着高思："我们先回警署再说。"

河阳城警署位于城南离城门不远的一个院子里。高思和萱萱在警长办公室刚坐定，警长就说："特使大人可得救我一命。"

高思忙道："警长言重了，你有什么问题尽管说。"

警长叹了一口气说："本城盗贼一向猖獗，历任警长都花了很大力气去整治，但一直收效不大。几乎每任警长都是由于缉贼不力而被撤职的。我就任警长一职已经一年有余，虽然拼命工作，但缉贼工作仍没什么起色。眼看也快被撤职了。我人到中年，上有老下有小，就靠这份工作养家糊口。救命一说并非夸大。"

边上几个警察纷纷点头，证明警长所言无虚。

高思问："我一个中学生，能帮上你什么忙呢？"

警长说："特使大人不必过谦。我就任以来，收集了大量的关于盗窃案件的数据，希望从中找到盗贼作案的规律。好不容易发现冰淇淋销量和盗窃案件数量的关系，本以为可以就此采取有力措施遏制盗窃案件。还好特使大人及时赶到发现问题才不至于出洋相。您对统计学的掌握无人能比，一定能从我收集到的数据中找到破案的关键。"

高思问："你们都收集了什么数据？"

警长从抽屉里拿出一个厚本子，上面详细记录了每次盗窃案件发生的时间、地点、丢失物品、报案人信息和笔录，写得密密麻麻。一年下来，还真是有不少信息。

高思又问："你们分析过数据？都有些什么结果？"

警长道："案件发生的时间分布刚刚特使大人已经看到了。我们和以往的记录比对了一下，没发现有什么特别的情况。案件发生的地点几乎遍布全城，没有看出什么规律。丢失物品五花八门，报案人大多家境富裕，除此以外也没有看出什么特点。"

"你们破案最大的困难在哪里？"高思问。

"最主要是找不到贼窝在哪里。否则就可以把他们一窝端了。"警长恨恨地说。

"贼窝可能是在城内还是城外？"高思想了一会儿问。

"绝对在城内。因为晚上城门会关闭，进出城非常麻烦。城内没有贼窝的话，他们偷了东西只能在大街上闲逛，早就被我们抓了。"

高思站起身，在屋子里往返踱步，陷入沉思。警长和警察都紧张地看着他。

过了好一会儿，高思说："我想到一个方法，可能会有用。请拿一张河阳城的地图来，然后把案发地点逐一标记在地图上。"

当下就有警察拿来一幅河阳城的大地图，一个警察拿着记录案件的本子一个个地念案发地点，另外一个警察则逐一在地图上画小圆点做标记。不一会儿，一幅标记着盗窃案发地点的河阳城图就画出来了。

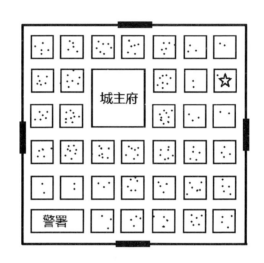

河阳城四四方方，四周各有一个城门。城主府位于居中靠北一点的位置。警署位于城南。果然如警长所说，案发地点几乎遍布全城。

高思问："大家看看有没有什么规律？"

萱萱盯着地图看了一会儿说："围绕着城主府的地方看起来发案比较密集一些。"

警长解释道："因为城主府周边是有钱人聚集的地区，所以盗贼比较喜欢光顾。"

"那大家看看哪里的案件比较少一些？"高思又问。

萱萱说："城主府和警署都没有案件发生。这个很好解释，因为这两个地方都有警察保护。除此之外，警署周边的地区案发较少。等等，还有东北这个区域的案发也比较少。"

　　高思说："警署周边的案发较少很好理解，因为盗贼们不太敢在离警察太近的地方作案。但是这个区域就很有意思了。"高思说着拿起笔在地图上标了一个五角星："这个区域里只发生过一起案件，而围绕着这个区域的几个区域里的案件数量也比较少。这说明什么？"

　　萱萱说："这说明盗贼的老窝就在这个区域！他们在作案时潜意识里想远离自己的老窝，怕被警察发现。没想到反而露出了马脚！"

　　警长非常兴奋："这个地方离富人区较近，但远离警署，方便作案。离城门近，方便将赃物运出城外。同时又不正对着城门，没有那么引人注目。的确是一个做贼窝的理想地点。"

　　萱萱问警长："这个区域也应该不算小，怎么知道哪栋房子才是贼窝呢？"

　　警长说："我们派人去盯着，只要盗贼出没，总会有蛛丝马迹的。以前是没有线索，不可能全城都盯着。现在范围缩小到一个小区域，盯起来方便多了。"顿了顿，他又说："今晚就是一个大好的机会。因为庆祝国庆，这两天晚上城主府都有烟花表演，很多居民会全家去看。盗贼们今晚肯定会出动的。"

　　警长安排高思和萱萱在警署附近的酒店住下来。到了半夜，果然传来好消息：警察们在高思指出的区域发现先后有几拨人鬼鬼祟祟地返回一座房子，冲进去一看，果然是贼窝！现场抓获十几个盗贼，并追回大量赃赃。美中不足的是盗贼首领和几个手下逃脱了。

　　第二天一早，十几个被抓的盗贼都被放在城门口示众。过往民众无不欢欣雀跃。警长带着一众警察站在旁边，样子别提多得意了。

　　警长对高思佩服得五体投地。不断向围观的民众表示，这次能找到贼窝，全是国王特使高思和助手萱萱姑娘的功劳。

　　能帮忙除去为患多年的盗贼团伙，高思和萱萱也很高兴。只是他们没有注意到人群中射过来的几道凶狠的目光。

第七章

营救行动

高思和萱萱本打算马上启程继续前往随机森林，无奈警长太过热情，万般挽留之下又多呆了一晚。结果这一呆就出事了。

第三天早上，高思去萱萱房间里找她去吃早饭，结果发现萱萱不见了。房间桌子上放着一封信，上面写着：

高思小子：

  萱萱被我劫走了。如果你还想见到她，则在今天 a 点之前到城东 b 千米的地方，用你们前晚拿走的钱来换人。过时不候。

胡子首领

高思翻过信的背面，发现还写着：

假设统计王国的降雨量（记作 X）服从正态分布，均值为 30 毫米，标准差为 10 毫米。则 a 等于 $P(10 < X < 50)$ 乘以 10，b 等于 $P(20 < X < 40)$ 乘以 10。

原来是盗贼团伙漏网的胡子首领暗自跟踪在他们后面，晚上乘机把萱萱抓走了。这个胡子首领本身也是统计学爱好者，他对于被高思利用画图发现贼窝地点的事情很不服气，因此想借机和高思比试比试，顺便想把自己损失的钱要回去。

高思心里很着急，但他告诉自己要冷静下来。他又仔细看了一下信的背面，心想："这胡子首领出的题目和随机管理大厅中之前对于降雨量的设定一模一样嘛。"原来这个胡子首领曾经是随机管理大厅的工作人员，但是由于手脚不干净，经常偷偷摸摸的，结果被萱萱爸爸开除了。后来不知怎么就变成了盗贼。

闻讯赶过来的警长把信拿过去看了半天，垂头丧气地说："这反面写的都是啥啊？完全看不懂。"

他说："胡子首领想考考我。这完全难不倒我。我们可以把 a 和 b 计算出来。"

警长一头雾水："那要怎么算？"

高思解释道："降雨量 X 服从均值为 30，标准差为 10 的正态分布，则意味着降雨量绝大多数时候会位于 0 毫米到 60 毫米之间。"说着他在纸上画了一条曲线图，正是随机管理大厅中雨水控制器上显示的那条曲线。

高思继续说："$P（10 < X < 50）$是指降雨量X位于10毫米到50毫米之间的可能性，这个P就是指'概率'，通俗地讲就是可能性。"

警长问："那我们怎么计算这个可能性呢？"

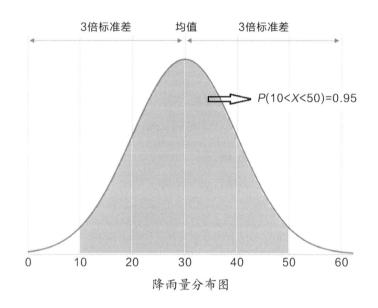

降雨量分布图

高思说："这条曲线称为正态分布的'概率密度函数'，它的特点是X位于任意两个数之间的可能性正好等于这条曲线下方位于这两个数之间的面积。比如说$P（10 < X < 50）$的大小正好是这个阴影部分的面积。"说着高思就在曲线下方涂了一部分阴影，正好是10到50之间的部分。"

"那这个阴影部分的面积又怎么算呢？"警长又问。

"一般情况下是比较麻烦，但是对于正态分布而言，我们有一些常用结论可以直接使用的。比如说X位于'均值减去2倍标准差'到'均值加上 2 倍标准差'之间的可能性大约为 95%。"一时间，高思觉得自己好像又回到了随机管理大厅，在向萱萱他们解释正态分布的计算。他心里默念："萱萱，你要坚持住，我马上来救你了。"

警长想了一会儿，高兴地说："我知道了。现在均值为 30，标准差为 10。因此'均值减去 2 倍标准差'为 $30 - 2 \times 10 = 10$。'均值加上 2 倍标准差'为 $30 + 2 \times 10 = 50$。所以降雨量位于 10 到 50 之间的可能性为 95%。也就是说 $P(10 < X < 50) = 95\%$。这正是我们需要的。"

高思说："是的，因此 a 等于 $95\% \times 10 = 9.5$。也就是说胡子首领要求我们在九点半之前赶到指定地点。"

警长看了一下手表："现在是八点钟，我们还有一个半小时。"他接着又问："那 $P(20 < X < 40)$ 又怎么计算呢？"

高思问："你看看 20 和 40 这两个数又有什么特点？"

警长思考了一会儿说："20 恰好是'均值减去标准差'，40 恰好是'均值加上标准差'。我们需要计算的是降雨量位于'均值减去 1 倍标准差'到'均值加上 1 倍标准差'之间的可能性。对于正态分布而言，这个也有常用结论吗？"

高思说："是的，降雨量位于均值加减 1 倍标准差之间的可能性大概为 68%。也就是说 $P(20 < X < 40) = 68\%$。因此 $b = 0.68 \times 10 = 6.8$。我们需要去城东 6.8 千米的地方救萱萱。"

警长兴奋了起来："那我们赶紧出发吧。"

高思、警长还有十几个警察赶到城东 6.8 千米的地方的时候，恰好赶在 9 点 30 分之前。这是一个苹果树林，正值苹果成熟的时候，树上挂满了红扑扑的苹果。

高思四处张望，没有看见萱萱。

突然，萱萱的声音从树林深处一块大石头后面传来，像是在呼救。不过叫声很短促，应该是马上被人捂住了嘴巴。

高思和警察们扑过去一看，石头后面已经没有人了。只有一封信放在地上。高思赶紧捡起来一看，上面写着：

高思小子：

我早料到你会带警察过来，不便相见。限你一个小时之内赶到正东向北偏 x 度的方向，离此地 2 千米的地点。仅限你一人。过时未能赶到，我不能保证萱萱的安全。

x 等于此地苹果林中全部苹果的个数，有四个选项：

A. 1 000　　　　B. 2 000　　　　C. 3 000　　　　D. 4 000

胡子首领

警长恨恨地说："又让他们跑了。"

高思说："我们还是赶紧来解开这个题目，把 x 算出来。"

警长问："正东向北偏 x 度的方向是什么意思？"

高思说："相当于你先面朝正东站着，然后逆时针转动 x 度，当你停下来时面对的方向就是了。"

"在原地转一个圈也才转了 360 度，那转 1 000 度转到哪里去了？"警长又问。

"1 000 = 360 × 2 + 280。所以转 1 000 度相当于原地转了两圈之后再继续转 280 度，相当于直接转 280 度，也就是这个方向。"高思说着在纸上画了一张图。

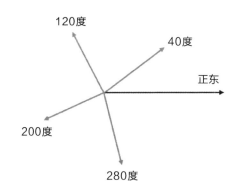

"类似推之，2 000 = 360 × 5 + 200，转 2 000 度就相当于转 200 度。3 000 = 360 × 8 + 120，4 000 = 360 × 11 + 40，分别相当于转了 120 度和 40 度。"高思继续分析。

警长挠了挠头："我本打算四个方向挨个去看一下的，但这四个方向隔得太远了，是来不及一个个去看了。"

"所以我们得把 x，也就是这里的苹果数量确定下来。"高思说。

警察们有点傻眼："这么多苹果，一时半会儿哪里数得清？等数好过去，早就来不及了。"

高思倒是信心十足："我们数不清，胡子首领一样数不清。所以这个苹果总数 x 肯定是他估计出来的。我们也估计一下好了。"

警长有点困惑："估计？"

高思解释道："我们需要知道这里所有苹果树上的苹果总数，这个叫做'总体'。但是由于苹果树太多，不可能挨个去数，因此我们可以抽取若干棵树，称它们为'样本'。我们数一数样本里这几棵苹果树上的苹果总数，从而知道平均每棵树上大概有多少个苹果。然后我们只需要知道总共有多少棵树，就可以计算出总体的苹果个数了。这个过程称为'估计'，是统计学的基本方法。"

警长精神大振："我知道了。"当下就吩咐手下分头去数边上几棵苹果树上的苹果数。

高思说："且慢。这个'样本'苹果树的选取是有讲究的，不能随便就选身边这几棵。"

警长问："这是为什么？"

高思说："我们选择的'样本'苹果树必须要对'总体'，也就是这片苹果树林要具有代表性。你看看边上这几棵树，再看看整个树林，你觉得这几棵树有代表性吗？"

警长仔细观察了一会儿，说："也不知道是不是因为长在这块大石头边上的缘故，这几棵树明显长得要矮小一些，树上的苹果数量看起来好像也没有其他的苹果树多。如果我们就选择这几棵树的话，估计出来的苹果数量肯定偏低。"

高思说："是的，这片苹果林中有的树的生长环境好，产量要高些。有的树生长环境差些，产量就低。因此我们需要各类树都选取一些。这样得出的估计才比较准确。"

"那我们选几棵树来数呢？"警长又问。

"如果选得太少，估计可能不准确。如果选得太多，可能来不及数。

我们总共有 15 个人，那么就选 5 棵树来数吧，每 3 个人数一棵树。"高思建议道。

"为什么要 3 个人数一棵树？"警长问。

"数数你就知道了。"高思也不多做解释，指挥着警察们分成 5 个小组，选择了 5 棵树开始数了起来。

高思、警长和一个年轻警察数一棵树，警长介绍这个年轻警察是刑侦队长。树叶茂密，苹果长得很密集，数起来还真是不太容易。数了三四分钟，高思终于数完了，54 个。过一会儿，警长和刑侦队长也数完了，分别是 50 个和 56 个。

"居然都不一样。"警长又开始挠头了。

"因为凭肉眼去数树上的苹果不容易数准确。因此我才要求每棵树要有 3 个人去数。在得到的 3 个结果中，我们选取中间的那个结果，这样比较稳妥一些。我们三个人分别数出了 50 个、54 个和 56 个苹果，因此我们认为这棵树上有 54 个苹果。"高思把这个方法告诉了每个小组。

很快，每个小组的结果都出来了，分别是 54、50、56、52 和 63 个。这样平均每棵树上的苹果数为

$$\frac{54 + 50 + 56 + 52 + 63}{5} = 55（个）。$$

警察们又去数了一下整个苹果树林的苹果树数量，总共有 52 棵树。因此总共的苹果数大概为 $55 \times 52 = 2\,860$ 个。四个答案中，最为接近的是 C，3 000 棵。转 3 000 度就相当于转了 120 度，也就是北偏西 30 度的方向。

　　警长正要带着警察们朝这个方向追下去，被高思拦了下来："胡子首领只允许我一个人去。"

　　警长说："这可不行，你一个人去太危险了。"

　　刑侦队长建议说："我们可以选派几个精干一点的警察远远地跟在后面，见机行事。其他人随后再赶过来接应。只是不知道选几个人合适，人多了容易被发现，人少了怕打不过。"

　　警长说："可惜不知道他们有几个人。"

　　高思说："我猜想是三个人。"

　　警长和刑侦队长瞪大了眼睛："这你都能猜出来？"

　　高思笑笑说："其实没那么神奇。你们看看这个。"

　　警长和刑侦队长顺着高思的手一看，只见地上有三块小石头摆成了一个等边三角形。周围的泥土明显有被翻动的痕迹。可见这三块石头是有人故意摆成这个样子的。

　　高思猜得没错，这的确是萱萱偷偷摆出来告诉他们盗贼人数的。

　　刑侦队长说："那我们只需要有两个人跟着就行了。对付这帮小贼，我一个打两个都不是问题。"

　　等高思独自赶到指定地点时，时间刚刚好过去一个小时。当然身后不远处隐藏着刑侦队长和另外一个小队长。

　　三个蒙着面的人在等着他。为首的一个高个子应该就是胡子首领。后面两个人押着萱萱。她向高思微微点头示意，看起来没有受到什么伤害。

　　胡子首领向高思冷哼一声："小子，算你有两把刷子，这么快就找到了这里。我的钱呢？"

高思指着背后的一个包说："钱在这里。你先把萱萱放了。"

胡子首领说："你先把钱给我，我就放了萱萱。"

两人为了先给钱还是先放人争执不下。

争了一会儿，高思说："这样吧，既然你这么喜欢出统计题目，你出的题目我都答出来了。我也出几道题目，你要是都答出来了，我就先给钱。否则你就要先放人。"高思希望通过答题来拖延时间，好让刑侦队长他们两个人有时间包抄过来。

胡子首领说："我会这么蠢吗，你要是出几道非常难的题目，我岂不是白吃亏。"

高思说："我只出几道关于扔硬币的题目，够简单吧。只怕你没有胆量回答。"他故意刺激一下胡子首领。

果然，胡子首领说："好，那我就答应你。请出题吧。"

高思说："第一道题目，假定一枚硬币正反两面是对称的，我扔一次得到正面朝上的可能性是多少？"

胡子首领说："这也太简单了，当然是 0.5。"

高思说："我说很简单吧。第二道题目，我把这枚硬币连扔 10 次都得到正面朝上的可能性为多少？"

胡子首领说："每一次正面朝上的可能性为 0.5，所以 10 次全部朝上的可能性为 $0.5 \times 0.5 \times \cdots \times 0.5 = 0.000\,98$。这题目还有点样子。"

高思说："很好。那我再问你第三道题，假设我现在连扔了 9 次都是正面朝上，那么第 10 次我再扔的时候你觉得哪一面朝上的可能性较大？"

三个盗贼全神贯注地听着高思的题目，完全没有注意到刑侦队长和小队长借助路边树木和草丛的掩护已经在向他们迅速接近。

一个盗贼说："你连扔9次都是正面，那么第10次肯定是反面朝上的可能性大了，因为毕竟连扔10个正面的可能性太小了。"

高思笑道："你答错了！"

一个盗贼说："小子你别瞎扯，你爷爷我怎么会错？"

高思说："我们每次扔硬币的结果都是相互'独立'的，也就是说这一次得到正面还是反面，完全不影响下一次得到正面还是反面。所以不管前9次得到什么结果，都不影响第10次扔硬币的结果。既然这个硬币是正反面对称的，那么第10次扔的时候正面朝上的可能性和反面朝上的可能性都是0.5。"

那盗贼问道："连扔10个正面的可能性这么小，你都9次正面了，最后一次难道不是应该反面朝上的可能性大么？"

由于刑侦队长他们还没有完全潜伏到位，高思乐得继续解释："连扔10个正面朝上当然是不太可能发生，但那是指我还没有开始扔之前。我现在说的是，当我们已经扔了9次都是正面朝上，第10次是正面朝上的可能性为0.5。这与连扔10次正面朝上的可能性不是一回事情。"

那盗贼正准备再问，被胡子首领打断了："别问了。这小子说的是对的。不过这题目不是我答错的，算不得数。"他开始耍赖了。

高思说："那你来回答最后一题。现在假设我们不知道这枚硬币是不是对称的，如果我连扔了9次正面朝上，那么第10次我再扔的时候你觉得哪一面朝上的可能性较大？"

胡子首领说："第 10 次的结果与前面 9 次的结果是相互独立的，因此第 10 次扔的时候哪一面朝上的可能性较大完全取决于这枚硬币哪一面更轻一些……这我怎么知道？你这不是瞎出题么。"

高思这时看见刑侦队长向他打了个手势，表示已经到了合适的位置。他故意嘲讽胡子首领："你不知道怎么做就承认自己蠢，别怪到题目上来。你这是拉不出屎来赖茅坑……"

果然，胡子首领一听就火冒三丈，还没等高思说完就向他扑了过来。后面两个盗贼也不由自主地放开萱萱，向高思靠拢了过来。

高思转身就跑，他虽然年纪小，但好歹也是个足球守门员，身手敏捷，胡子首领一时半会儿还真拿他没办法。而那边的两个盗贼可没这么好的运气了。刑侦队长和小队长从草丛中一跃而起，直接把他们两个放倒在地，揍得嗷嗷直叫。

高思绕了个大圈又跑了回来。胡子首领一看两个手下已经被抓，知道大势已去，转身逃跑了。临走他恶狠狠地说："小子，你当心点！我们还没完！"刑侦队长起身要追的时候，胡子首领已经跑远了。又被他漏网了！

这时警长带着大部队也赶到了。看到救回了萱萱，大家非常高兴。

警长问萱萱："你看到胡子首领长成什么样子了吗？"

萱萱摇了摇头："他一直蒙着脸，我也没见到他的真面目。但是他身上有一种奇特的味道，下次碰到我肯定能够闻出来。"

高思问："什么味道？我怎么什么也没有闻到？"

萱萱说："我从小嗅觉就比较灵敏，能比一般人闻出更多的味道来。

但是也很难和你们解释具体的味道是什么样的。"

刑侦队长说:"好在他现在就剩一个人,老巢又被我们抄了,河阳城的贼患算是被我们彻底解决了。"

萱萱还不忘刚刚高思出的最后一道题目,她问高思:"到底第 10 次扔的时候哪一面朝上的可能性大?"

高思简短地解释了一下:"由于前 9 次扔的都是正面朝上,说明这枚不对称的硬币正面朝上的可能性非常大。因此第 10 次扔的时候正面朝上的可能性比反面要大。"

第八章

谁是神箭手

高思和萱萱休息了一晚，第二天早上向警长辞行。考虑到胡子首领还在暗处虎视眈眈，警长坚持由刑侦队长护送他们去下一个目的地风城。原来刑侦队长正好要去风城参加一年一度的风球大赛，所以算是顺路。一路上刑侦队长向高思介绍风城和风球大赛，他口齿伶俐，所以尽管路途辛苦，高思倒也觉得颇有趣味。

风城是统计王国仅次于首都伯努利城的第二大城市。城东有两个相连的山谷，分别为狂风谷和回风谷。狂风谷非常狭窄，常年狂风呼啸，风城因而得名。风城位于平原和山区的交界地带，日照和雨水都很充足，因此盛产水果和蔬菜，统计王国的特产风铃果正是出自这里。风城复杂的地貌和多变的气候造就了风铃果独特的百变口味。

让风城闻名于统计王国的则是在回风谷举行的一年一度的风球大赛。回风谷较为宽阔，呼啸的狂风冲出狂风谷之后速度迅速变缓，在回风谷两边山峰的环抱下形成了神奇的回旋风，从而造就了大受欢迎的风球运动。全国性的风球大赛已经举办了十几年，而且已经从最开始的单一风球比赛逐渐演变成多种比赛的综合性运动会，近年来甚至还有其他王国组队参赛。

刑侦队长正是河阳城风球队的替补守门员。河阳城参加比赛的代表团已经提前到达回风谷。刑侦队长由于盗贼的案件拖了几天才出发。

高思一行三人到达风城时恰逢傍晚，刑侦队长力邀高思和萱萱去河阳城代表团在回风谷的驻地参观，顺便观摩第二天的比赛。萱萱很兴奋，她早就想见识见识风球大赛了。

进入回风谷，只见各式各样的帐篷三五成群地散落在山谷中，帐篷顶上飘扬着鲜艳的旗帜，上面写着各个参赛代表团的名字。刑侦队长不断向高思介绍："这是来自北方的雪城代表团，这是来自南方的绿谷代表团……"

这时高思看见两片帐篷，看起来风格与其他的帐篷明显不同。其中一片帐篷白里透蓝，凛冽之气扑面而来。帐篷外的人看见他们，脸上均露出了警惕之色。另外一片帐篷则均为温润的草绿色，帐篷外的人友善地向他们打着招呼。两片帐篷上的旗帜分别写着"冰封王国"和"神草王国"。

刑侦队长解释道："这是其他王国来参赛的代表团。"

高思问："你们这个世界里都有哪些国家？"

萱萱回答道："我们整个大陆称为'随机大陆'，上面共有三个国家。统计王国位于西边，占据了随机大陆大概一半的地方。冰封王国次之，位于大陆的东北方向，疆域虽也不小，但很多地区常年冰封，无法居住和生产。大陆的东南边是神草王国，以盛产优质中草药而闻名。三个国家的交界地带是古奇山脉，但其主要位于统计王国境内。随机森林就位于古奇山脉南麓。

"冰封王国一直不甘心国力被统计王国压制，因此常有敌对之意。而神草王国则向来与统计王国交好。"她身为王国高官之女，自小就经常听大人们谈论时局，对各个国家的情况比较了解。

高思又想起一事："随机大陆之外是什么地方？"

萱萱道："随机大陆被大海所环绕。我们曾尝试过探索大海，但深入海洋50千米之后便是滔天巨浪，船只完全无法通过。因此慢慢地就放弃了。"

高思低声嘀咕了一声："这是一个'无故事王国'啊。"

河阳城的驻地位于回风谷中部，由大大小小十来个帐篷组成。刑侦队长带着高思和萱萱直奔最大的那个帐篷。

一进帐篷，就听见里面传来了争吵声："阿发是最强射箭手！""阿坤才是神射手！"……

只见帐篷靠北的一面坐着三个人，中间一人白发银须，看起来有些年纪了。左右两人均为中年人，此刻相互瞪着对方互不相让。两个中年人身边各有一个年轻人，站在那里有点局促。另外帐篷里还有十来个人，正在为了什么事情争吵不休。

刑侦队长低声介绍道："中间那位是我们代表团的团长，左右两位分别是河阳城最大两个家族'乌族'和'白族'的族长。"

高思听了一会儿才搞明白他们在吵什么。原来站在那里的两个年轻人就是阿发和阿坤，分别是乌族和白族里最著名的神箭手。明天就要射箭比赛了，但每个代表队只能派一人参赛。这会儿他们正在争论阿发和阿坤谁才是最强神箭手。

高思问刑侦队长："你们射箭比赛是怎么计分的？"

刑侦队长说："射中靶心是 10 环，往外依次是 9 环和 8 环。如果脱靶则为 0 环。箭手各射 10 箭，总环数多者取胜。"

只听乌族族长对团长说："团长你来评评理，我们阿发 10 箭里平均能有 6 箭命中 10 环，他们阿坤 10 箭里只有 5 箭能命中 10 环。你说阿发是不是更厉害？"

白族族长也不示弱："你怎么不说你们阿发 10 箭里有 2 箭只能射出 8 环呢？我们阿坤最多射出 1 箭 8 环。还是我们阿坤更好。"

团长看起来也有些无奈："二位族长，你们说的都有道理。阿发和阿坤也较量过很多次，互有胜负。但是我们只能挑出一个神箭手来代表河阳城出战。要不这样，二位抓阄决定可以吗？"

乌族和白族族长同时说："这可不行，要挑就挑我们的。"

这时只听有人说："族长，我们或许可以解决这个问题。"

大家一看，原来发话的是刑侦队长，他身边还跟着两个少年男女。

团长看见刑侦队长非常高兴："你可算来了，风球队的主力守门员今天意外受伤，明天风球比赛要靠你了。刚才你说什么来着？可以解决这个问题？"

刑侦队长把高思推到团长前面，说："这位小兄弟是国王的特使，刚刚在河阳城帮我们端掉了贼窝。他对统计学了如指掌，一定有办法分辨出谁才是真正的神箭手。"

大家一听，对高思肃然起敬。

高思说："我尽力一试。刚才我听两位族长说起两位射手平时射 10 箭里有多少命中 10 环，有多少命中 8 环。那么我来总结一下，大家看对不对。"说着高思就在纸上画了两张表，分别代表阿发和阿坤的射箭记录。

阿发的射箭记录

环　数	8	9	10
可能性	0.2	0.2	0.6

阿坤的射箭记录

环　数	8	9	10
可能性	0.1	0.4	0.5

"第一张表是阿发的射箭记录。刚才族长说他10箭里平均有6箭命中10环，有2箭命中8环，因此平均还有2箭是命中9环。所以每当阿发射出一箭，命中8环、9环、10环的可能性分别为0.2、0.2和0.6，对吗？"高思问。

乌族族长点头称是。

"类似地，每当阿坤射出一箭，命中8环、9环、10环的可能性分别为0.1、0.4和0.5，对吗？"高思又问。

白族族长也点头称是。

高思转向大家："各位，由于射箭比赛是以总环数多者为胜，也就是平均每一箭的环数多者为胜，所以我们需要比较两位射手每一箭射出的平均环数。"

刑侦队长问："那怎么计算平均环数呢？"

高思说："实际上就是计算一个加权平均。阿发的平均环数为 $8 \times 0.2 + 9 \times 0.2 + 10 \times 0.6 = 9.4$（环）。"

刑侦队长说："我知道了。那阿坤的平均环数就是 $8 \times 0.1 + 9 \times 0.4 + 10 \times 0.5 = 9.4$（环）。咦，两个人的平均环数是一样的。"

底下议论纷纷。团长说："两位神射手果真是难分伯仲啊！"

萱萱说："尽管两位射手大哥的平均环数是一样的，但显然两位的射箭表现还是有不同的地方，那需要怎么衡量这种不同呢？"

高思赞赏地看了一眼萱萱，说："是的，除了环数的'均值'也就是平均环数，我们还需要计算环数的'标准差'，它衡量的是射出环数的稳定情况。"说着他在纸上计算起了阿发的环数标准差：

$$\sqrt{(8-9.4)^2 \times 0.2 + (9-9.4)^2 \times 0.2 + (10-9.4)^2 \times 0.6} = 0.8。$$

高思解释道："注意 9.4 环是平均环数，实际中射出的环数以一定的可能性为 8 环、9 环和 10 环。这个公式衡量的是可能射出环数与平均环数之间的差距。标准差越大，说明这个射手的环数越不稳定，成绩起伏越大。标准差越小，说明这个射手的环数越稳定，成绩起伏越小。"

说话间，刑侦队长把阿坤的环数标准差也计算了出来：

$$\sqrt{(8-9.4)^2 \times 0.1 + (9-9.4)^2 \times 0.4 + (10-9.4)^2 \times 0.5} = 0.66。$$

萱萱说："阿坤的环数标准差为 0.66，比阿发的标准差 0.8 要小，因此说明阿坤的成绩更加稳定一些。"

高思说："是的，这就是刚刚两位族长所争论的地方：与阿坤相比，尽管阿发有更大的可能射出 10 环，但同时他也有更大的可能射出 8 环，因此他的射术稳定性略差一些。"

白族族长很得意："我说我们家阿坤更加厉害一些吧。"乌族族长则有些沮丧。

团长倒是很高兴："两位族长，两位神射手，在座的各位，我们挑选阿坤参加明天的比赛，大家再也没有异议了吧？"

阿坤激动得脸都有些红了。阿发则低着头，看起来很失落。

高思提高音量说："各位，由于明天的射箭比赛是各射 10 箭比胜负，因此平均环数以及稳定性很关键。如果只是 1 箭定胜负，而且对手很厉害，需要射出 10 环才能保证胜利的话，那我们则要派出阿发了。因为他有更大的把握射中 10 环。"

阿发抬起头，感激地看了高思一眼。

当晚河阳城帐篷中大摆宴席，欢迎高思他们的到来。

第九章

坏孩子喷泉

第二天一大早，高思和萱萱就被帐篷外呜呜的号角声给吵醒。原来一天的比赛早早就开始了。

比赛的场地在回风谷里面的大块平地上，按照比赛项目分成了不同的区域。运动员们斗志高昂，拉拉队的加油声此起彼伏。高思和萱萱饶有兴趣地观看了独具特色的抓兔子比赛、独角兽竞速等项目。当然他们最关心的还是射箭比赛。

阿坤如愿代表河阳城出战并一路杀至决赛。他的主要竞争对手是来自绿谷代表团的木沙。木沙在前 9 箭均发挥了很高的水平，但在最关键的第 10 箭上失误只拿到了 8 环。阿坤则发挥稳定，一直保持在 9 环和 10 环的水平，最终以总环数 1 环的优势险胜夺冠！河阳城代表团一片欢腾。高思和萱萱也深感荣幸。

这时刑侦队长挤到高思和萱萱身边，说："走，我带你们去看回风谷里除了风球比赛之外最受欢迎的项目。"

高思问:"你上午不用比赛的吗?"

刑侦队长说:"风球比赛今天下午才正式开始,上午我正好带你们逛逛。"

萱萱则问:"什么项目这么受欢迎?"

刑侦队长说:"你到了就知道了。"说着就领着高思和萱萱往山谷里面走去。

走着走着,高思发现往他们一个方向走的人越来越多,还有人一路小跑,很多人面带兴奋之色。刑侦队长拉住一个人问:"什么情况?怎么大家都往这边走?"那人说:"你还不知道吗?坏孩子喷泉居然变好了,我们赶紧看看热闹去。"

坏孩子喷泉?变好?高思和萱萱一头雾水。

刑侦队长也来不及解释,拉着高思和萱萱赶紧往前赶,不一会儿就看见前面围着一群人。"到了!"刑侦队长边说边拉着两人奋力挤到了人群前面。

只见人群当中有一个碧绿的水池,池中央有一个喷泉在不停地喷水。水量并不是很大,也就喷了一两米高。但水质非常好,清香甘洌,闻到后让人的精神为之一振。

高思见周围的人都啧啧称奇,便问道:"这喷泉虽也不错,但也不至于有这么多人专门跑来看吧?"

边上有一留着山羊胡子的人说:"小兄弟,你怕是不知道这坏孩子喷泉的故事吧?"

高思谦虚地说:"还请您指点。"

山羊胡子看见高思和萱萱态度恭敬,很是满意。捋了捋胡子说道:"这坏孩子喷泉自打回风谷形成的时候就有了,它有个特点,就是间断性喷发。每次喷发30秒之后要间隔1分钟或者间隔3分钟才会喷发下一次。而且非常准时,一秒都不差。"

萱萱问:"那间隔1分钟还是3分钟是由什么来决定的呢?"

山羊胡子说:"经过多年的观察,这个完全没有规律。间隔1分钟还是间隔3分钟完全是随机的,就好比一个任性的小孩子,干什么事情都凭心情决定。所以我们才会把它叫做坏孩子喷泉。"

高思疑惑地问道:"自我站到这里,这喷泉起码也喷了三四分钟还没停,没您说的那么准时啊?"

山羊胡子说:"这就是大家都跑来看的原因。今天这喷泉突然间持续喷发了,已经喷了个把小时都没停。"

高思这才明白为什么刚刚那个人说"坏孩子喷泉变好了"。

刑侦队长说:"可惜坏孩子轮盘没法玩了。"

山羊胡子说:"可不,刚刚两个人玩到一半,还没结束呢,喷泉就变成持续喷发了。"说着他指了指站在喷泉边上的两个人。这两人一高一矮,站得比所有的人都靠近喷泉,好像正在争执着什么。

萱萱问:"什么叫坏孩子轮盘?"

山羊胡子解释道:"这是一个开放式的两人比赛项目,任何人均可自愿参赛。官方提供奖金100元,在所有比赛中奖金算是丰厚的。比赛方式是记录喷泉喷发的间隔时间。如果间隔1分钟喷发,则其中一人得10

分，另外一人得 0 分；如果间隔 3 分钟喷发，则第一人得 0 分，第二人得 10 分。如此记录下去，先得到 60 分的人获胜。获胜者可以拿走全部奖金 100 元。"

刑侦队长补充说："坏孩子喷泉的喷发间隔是 1 分钟还是 3 分钟是完全随机的，因此这个比赛非常公平。每当喷泉喷发时，参赛双方心情都较为放松，而在喷发的间隔期，随着间隔时间向 1 分钟逼近，双方的心情会越来越紧张。紧张和放松的情绪交替出现，因此我们把它叫坏孩子轮盘。这个比赛非常受欢迎。来参加风球大赛的人经常会来这里玩一玩。"

这时，站在喷泉边上的那个高个子向周围的人作了个揖，扬声说道："各位，我来自风城，我边上这位兄弟来自雪城。我们刚才在玩坏孩子轮盘，如果间歇时间为 1 分钟，我得分，如果为 3 分钟，他得分。可惜还未分出胜负，喷泉就变成持续喷发了。我们在这里等了一个多小时，喷泉还没有停止的迹象，估计一时半会儿应该停不下来。现在的问题是我们两人对如何分配奖金产生了分歧，还请大家一起参谋参谋。"

当下就有人说了："既然你们未分胜负，那就按打平算，每人拿走 $\frac{1}{2}$ 的奖金不就行了吗？"

高个说："那不行，目前我已经得了 50 分，雪城的兄弟才得了 30 分。我得分多，理应获得更多的奖金。"

矮个也说："我们雪城人绝不会占人便宜的，理应是风城的这位兄弟拿得更多。我的提议是按照目前的得分来分配，也就是他拿 $\frac{5}{8}$，我拿 $\frac{3}{8}$。

但是他不同意。"

高个说："我只需要再拿 10 分就赢了，雪城这位要再拿 30 分才能赢。我的赢面是他的 3 倍，因此我应该拿 $\frac{3}{4}$，他拿 $\frac{1}{4}$。"

人群中响起了议论的声音。有人说高个说得有道理，有人说矮个有道理。

这时高思身边的山羊胡子发话了："你们二位的分配方案都不对。"

大家都扭头看向他。

山羊胡子很享受万众瞩目的感觉，捋捋胡子道："风城的这位高个兄有一点说得对，奖金分配的比例要按照两位的赢面来确定。如果说接下来二位获胜的可能性是一样的话，则奖金应该平分，这个非常容易理解。如果按照高个兄所说，他的赢面是矮个兄的 3 倍，换句话讲，如果这个游戏接着玩下去，而且反复玩，4 局里面有 3 局是高个兄赢，1 局是矮个兄赢。因此高个兄是应该拿 $\frac{3}{4}$ 的奖金，而矮个拿 $\frac{1}{4}$ 的奖金。这个各位都同意么？"

人群点头称是，矮个也点了点头。

有人问："那你还说高个的分配方案也不对？"

山羊胡子说："因为高个兄的赢面不止是矮个兄的 3 倍。高个只需要再得 10 分就赢了，矮个要拿 30 分才能赢，但是要注意他要赢的话是要'连续拿三个 10 分'的，难度远比'拿 30 分'要高。因此矮个的赢面比 $\frac{1}{4}$ 要低得多。但具体是多少，我也搞不清楚。"

人群本来听得很认真，忽然听到山羊胡子说他也搞不清楚怎么算，顿时嘘声四起，搞得山羊胡子颇为尴尬。

这时山羊胡子边上一个高个少年发话了："我知道怎么计算二位的赢面。"正是高思，"这位胡子大叔的思路非常正确，只不过差最后一步而已。"他不忘先帮山羊胡子解解围。

高思继续说："大家注意，如果喷泉还是间歇性喷发的话，那么最多再来 3 个间歇期，二位大哥就能分出胜负了。因此我们可以列出所有可能的情况和结果，并计算每种结果的可能性。"说着他画了一幅图。

"大家请看，第一次间歇有两种情况：1分钟或3分钟。每一种情况的可能性均为0.5。如果是1分钟，则高个大哥就赢了，因此这0.5的赢面归他。如果是3分钟，则还需要继续。第二次间歇还是有两种情况，如果是1分钟，则还是高个大哥赢。注意这种情况的可能性为一半的一半，也就是 $0.5 \times 0.5 = 0.25$。这0.25的赢面归高个大哥。如果第二次间歇是3分钟，则还需要继续。第三次间歇也是两种情况。如果是1分钟，则高个大哥赢。可能性为 $0.5 \times 0.5 \times 0.5 = 0.125$。如果是3分钟，则矮个大哥赢，可能性为 $0.5 \times 0.5 \times 0.5 = 0.125$。也就是说，矮个大哥的赢面仅仅占到0.125，也就是 $\frac{1}{8}$。高个大哥的赢面为 $0.5 + 0.25 + 0.125 = 0.875$，也就是 $\frac{7}{8}$。因此高个大哥的赢面是矮个大哥的7倍，而不是3倍。高个大哥应该拿走 $\frac{7}{8}$ 的奖金，而矮个大哥只能拿 $\frac{1}{8}$ 的奖金。"高思解释得非常详细。

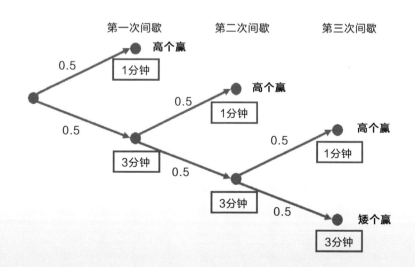

人群中发出了阵阵赞叹声。山羊胡子也很高兴，指着高思说："这是我的小兄弟。"

矮个说："这个奖金分配方案我很服气。雪城人输得起。"

正在这时，喷泉突然停止喷发了，众人相顾愕然。看来又要重新记录喷发规律了，真是个"坏孩子"。

第十章

风球大赛

吃过午饭，激动人心的风球比赛终于要开始了。

风球比赛场在回风谷最深处，也是最为靠近狂风谷的地方。高思和萱萱跟随着河阳城风球队员们走向赛场。刚开始的时候只是有些微风，风力慢慢地在加强，风的方向摇摆不定。随着离球场的距离越来越近，高思逐渐感受到了回旋风的威力。那是一种气旋，随着气流在空气中随机游走。气旋内部的风速非常快，人一旦被卷进去很容易被带得打个趔趄。刑侦队长很有经验，一左一右地拉着高思和萱萱，小心翼翼地避开气旋。经过一番跋涉，终于到达了赛场。

风球赛场比高思所熟悉的足球场略微小一点，两条底线上各有一个球门，看起来和足球球门差不多。观众席的四周围着透明的护墙，帮助观众抵御回旋风。球场离狂风谷口只有不到一千米的距离，高思坐在观众席上都能听到狂风谷里的呼啸声，那声势仿若让人以为到了地狱门口。

这次比赛共有 16 支队伍参加，分成 4 个小组进行单循环赛。每个小组积分最高的 2 个队进入淘汰赛，3 轮淘汰赛后便能决出冠军。

揭幕战是主场作战的风城队对决来自西南边的大泽队。当两队队员出场时，观众席上爆发的声浪完全盖过了远处传来的狂风呼啸声，来自主场风城队的拉拉队疯狂呐喊，各色旗帜在回旋风中猎猎作响。高思的情绪一下子就被调动起来。

刑侦队长向高思解释着比赛规则："每队上场 9 名队员，其中 1 名是守门员。风球由皮革包裹着软草制成，非常轻巧。队员用手中的风球杆击打风球，每攻入对方球门 1 球得 1 分。常规比赛时间为 60 分钟，分上下两个半场，中间有 10 分钟休息。常规时间内进球多者为胜。在淘汰赛阶段，如果常规时间打平，则通过罚点球决胜。"

随着主裁判一声哨响，比赛开始了。

场边解说员激情解说："风城队率先发起进攻，队长 10 号在控球，他娴熟地晃过了一名防守队员，直奔大泽队球门而去。啊，不好，球被大泽队防守队员截走了，大泽队迅速发起反击……"

高思看到，风球大小比足球稍小一些。风球杆长约 1 米，头部弯曲，长得和曲棍球杆差不多。高思心想："这看起来就像是曲棍球比赛嘛，只不过球更大更软而已。"

很快，高思就发现了风球的神奇之处，关键在于在场上到处游走的气旋。每当风球凌空进入气旋，速度就会激增，前进方向也会改变，这赋予了风球匪夷所思的运动轨迹。当多个气旋先后作用于风球之上时，那场景让高思想起了小时候经常玩的电子弹珠游戏。偶尔有超大气旋出现时，风球甚至能在气旋中漂浮，人也能借助气旋跳跃很远。

刑侦队长继续解释："风球比赛中，对于气旋的判断至关重要。不同的气旋带来的速度和角度改变都不尽相同，运动员需要长时间的练习才能掌握利用气旋击球的诀窍。同时在比赛中还要避免自己被卷入气旋从而失去平衡。"

这时场上战局异常激烈。风城队进攻队员在禁区外一个大力远射，风球直奔球门而去，哎呀，射高了！风球明显高出了球门，眼看就是一个冲天炮……在风球就要越过球门上沿的时候，突然神奇地调转方向飞回了球场内，显然是碰到一个气旋从而改变了方向。一个风城队队员迎着风球直接轰门，守门员反应不及，球进了！高思顿时就被淹没在观众震耳欲聋的欢呼声中。

刑侦队长赞叹道："这球对气旋的运用多么精准！"

风城队的实力明显要高出大泽队一截，最终比赛以 5 比 1 的比分结束，风城队大获全胜。

第二场比赛就轮到河阳城队出场了。由于主力守门员之前意外受伤，刑侦队长作为主力登场。对手是卫冕冠军——冰封王国代表队，实力非常强悍。刑侦队长临上场前对高思说："放心吧，我们河阳城队也不是吃素的。"

比赛开始了！

"冰封王国队不愧为卫冕冠军，刚开场就展开了潮水般的进攻。看，他们利用多个气旋的组合加速，风球从后场迅速转移到前场。冰封王国的头号球星喀纳斯拿到了风球，河阳城 5 号队员乌云上前拦截。喀纳斯将球往天上一挑——有个气旋正等候在那里，风球改变方向越过了乌云，喀纳斯一个加速也冲了过去。哇，多么巧妙地过人。"

"我说丹特，你还是统计王国的人吗？"解说搭档莉莉丝抱怨道。

"作为解说员，我必须保持中立。喀纳斯已经冲入了禁区，他挥杆打门了。风球闪过一道弧线直奔球门上角，中途似乎还碰到一个小气旋改变了一点方向。但是，河阳城 11 号守门员扑住了风球，真是难以置信，这个替补出场的警察展现出了超强的实力。"

然而冰封王国队的实力毕竟还是高出一筹，他们在场上牢牢占据着上风。上半场以 3 比 0 结束。

下半场冰封王国依然保持着进攻的态势，但刑侦队长表现神勇，多次扑出必进之球，河阳城队还利用反击的机会扳回一球。

"随着河阳城队的进球，场上气氛变得异常紧张。"解说员丹特叫道："冰封王国的队员动作变得越来越粗鲁，多次放翻河阳城的队员。我们来看冰封王国的这次角球——球开起来——众人纷纷抢位，禁区内一片混乱——冰封王国前锋 9 号拉塞尔和河阳城守门员狠狠地撞到了一起——裁判哨响！冲撞守门员犯规，黄牌！河阳城守门员捂住小腿倒地不起，看起来伤势不轻！"

高思和萱萱跟着几位河阳城的替补队员冲进场内把刑侦队长抬了下来。刑侦队长表情十分痛苦："小腿好像骨折了。"众人没有料到伤势会如此严重，一时有点慌了手脚。

正在这时，有人说："让我们来瞧瞧。"只见场边过来一位身穿绿色长袍的中年人，他迅速撕开刑侦队长的长裤，用手拿捏了几下，接过身后一位年轻人递过来的草药敷在断骨上，然后用两块木板固定住，缠上绷带。一连串的动作娴熟无比。

众人连忙道谢。原来这两人来自神草王国代表队，是一对叔侄。叔叔叫蓝松，是神草王国代表队的团长，也是著名的神医。侄子叫蓝玉，是风球队队长。他们原在场边观战，看到有人受伤，赶紧过来救治。蓝松说："诸位不必客气，救伤治病本是我辈本职。"蓝玉则愤愤不平地说："拉塞尔这是故意犯规，理应红牌罚下。"

高思向场内的拉塞尔望去，恰好看到他嘴角一丝诡计得逞的冷笑。

刑侦队长受伤再也无法上场，河阳城队陷入了大麻烦。本来一个队常备两个守门员，结果主力守门员意外受伤，替补守门员被恶意撞断小腿，现在没有守门员了。河阳城队员非常焦急，如果1分钟之内没有找到合适的人去当守门员，就要被自动判负。

萱萱问高思："我记得你说你也是守门员？"

一听这话，大家倏地都看向了高思。

高思慌忙摇了摇手说："我是足球守门员，对风球可是一窍不通。"

大家说："顾不了那么多，现在死马当作活马医，就你上了。"

高思不得已换上守门员衣服上场了。

好在风球球门和足球球门差不多大，而且守门员可以选择不用风球杆，而像足球守门员一样用手。除了风球更加变换多端以外，其他和足球守门也差不太多。高思凭借出色的身体条件和敏锐的头脑，适应得还挺快。而且下半场时间也剩得不多，所以只丢了一个球。最终河阳城队以1比4败北。

赛后河阳城队员们都有点沮丧，不过对高思赞不绝口。

本来高思打算观看一天比赛之后第二天就启程离开的，这样一来只能留下来继续充当守门员。

好在刑侦队长没有吹牛，河阳城队的确是一支有实力的球队。他们顺利战胜了同小组的另外两支队伍，以小组第二出线。淘汰赛第一轮以2比0淘汰了雪城队，半决赛又以3比2力克东道主风城队，顺利闯入决赛。决赛对手是在半决赛4比2淘汰神草王国队的冰封王国队，可以说不是冤家不聚首。众人同仇敌忾，纷纷表示决赛要拼了。

由于河阳城队的半决赛比冰封王国的半决赛要早一天进行，所以在决赛之前他们获得了两天宝贵的休息时间。

高思和萱萱陪伴在卧床休养的刑侦队长身边。

刑侦队长说："想不到你守门也如此出色，可恨决赛我不能出场报一箭之仇。本来风球是统计王国的国球，但最近这两年的冠军都被冰封王国拿走，凭借的是他们强壮的身体和肮脏的球风。我们都很愤怒，却又拿他们无可奈何。"

高思感受到刑侦队长的悲愤心情。

他仔细琢磨了一会儿问道："我发现你们的风球队都没有教练？"

刑侦队长说："教练？是干什么的？"

高思说："教练就是分析对手、布置战术的人。"

刑侦队长说："我们都是自己凭经验打球，没有教练。"

高思又问："那你们有没有冰封王国队以往比赛的录像？"

刑侦队长说："有的，所有的比赛我们都有录像。只不过基本只在赛前随便看一下认认人。"说着他叫来一个年轻人，"所有的录像你都可以从他这里拿到。"

过了一天，高思和萱萱一大早就把风球队的球员集中到一起，说是有重要事情商量。只见他俩双眼布满血丝，看起来疲惫不堪，但精神非常亢奋。

高思说："各位，明天就是我们和冰封王国的决赛。想必大家都很清楚我们和他们之间实力的差距。如果硬拼的话，我们必输无疑。所以我做了点功课。"

球员们都很困惑，不知道高思葫芦里卖的是什么药。

高思扬了扬手中的本子，说："昨天晚上我和萱萱连夜研究了冰封王国在过去几届风球大赛中全部比赛的录像，我们统计了他们进球和丢球的分布情况，发现了一些有趣的事情。"

萱萱说："过去四届风球大赛，冰封王国总共打了20场比赛，除去点球外，进球62个，丢球32个。场均进球3.1个，进攻火力凶猛，但场均也丢了1.6个球，防守效率其实并不是很高。这说明我们在进攻端还是有机会的。"

高思说："我们用'饼图'表示了他们进球和丢球的半场分布以及线路分布。大家看看有没有什么特点？"

过了一会儿，10号队长白山说："冰封王国多数进球都是在上半场进的，而多数丢球都是在下半场丢的。"

高思说："是的。我仔细分析过录像，主要的原因是冰封王国习惯在上半场猛攻取得比分优势，下半场体力下降之后便适度转向防守。因此

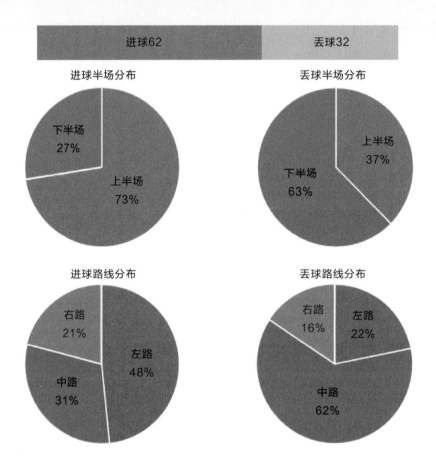

| 进球62 | 丢球32 |

进球半场分布

下半场 27%
上半场 73%

丢球半场分布

上半场 37%
下半场 63%

进球路线分布

右路 21%
左路 48%
中路 31%

丢球路线分布

右路 16%
左路 22%
中路 62%

对手的进球多数都在下半场。"

9号前锋尤尤说："他们的进球接近一半是通过左路进攻取得的，右路进攻则比较少。丢球主要集中在中路。这说明他们的中路防守有很大漏洞。"

高思说："由于冰封王国的王牌球员喀纳斯主要在左路活动，所以他们的进球多数在左路发起。只要有针对性地防守这一点，我们就可以最大程度的遏制他们的进攻。"

球员们都兴奋起来。

高思说："所以我们的主要战术是上半场以稳守反击为主，主要防守力量放在他们的左路，也就是我们的右路。下半场加强进攻力度，抓住他们的中路防守漏洞，争取多进几个球。"

7 号里蚩问："话虽如此，我们的技术和力量有限，是否能够实现这个战术？"

高思自信地一笑："山人自有妙计。首先，我们要改变阵型。"说着他拿起 9 个石子在地上摆出了一个阵形，"这个白色石子表示守门员，8个黑色石子代表击球球员。几乎所有的风球队都采取 3-3-2 的阵型，也就是 3 个后卫，3 个中场，2 个前锋。"

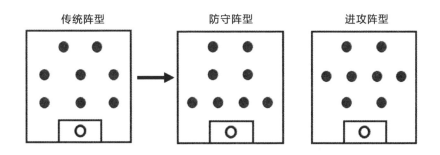

白山说："从我们打球开始从来都是这个阵型，有什么问题？"

高思说："这个阵型缺乏变化，我们可以稍微变化一下。"高思重新摆了两个阵型，"防守时我们采取 4-2-2 的阵型，巩固后防。但转为进攻时，最边上的两个后卫向前提到中场，变成进攻的 2-4-2 阵型。"他把现代足球的战术变化运用到风球场上。

队员们都茅塞顿开："从来没有想过原来还可以这样变换阵型。"

高思说："其次，我有两个秘密武器。"说完他在纸上画了两幅图给大家讲解了一通。队员们的脸上露出了震撼的表情，进而是极度的佩服。

风球决赛如期进行。

丹特感到空气中弥漫着一种特殊的气氛，使得他不由自主地紧张起来，连莉莉丝递给他一杯咖啡时都没有察觉，这在他长达 12 年的风球解说生涯中是极为罕见的。他有强烈的预感，今天的这场决赛将是史诗级的。

双方人员在球场上站定，双方队长走到中场挑边。白山猜中了裁判手中硬币的朝向，他选择调换双方的场地。观众席上响起了嗡嗡声。这种情况极为罕见，大多数猜中硬币的一方会选择先开球，因为场地朝向基本不会有什么影响，而在队员们已经站定的情况下换边比较麻烦。裁判也有些意外，他反复向白山确认了好几遍，白山都表示要换边。

上半场比赛开始了。

果然如高思所料，冰封王国队一开场就开始了猛攻。河阳城队按照部署稳固防守，伺机反攻。

丹特激情解说："冰封王国队展现出卫冕冠军的实力，他们迅速掌控了场上的局势。利用王牌球员喀纳斯和前锋拉塞尔组成的'黄金左路'给河阳城队造成了很大的压力。但是河阳城队显然有备而来，他们的队长 10 号白山死死咬住喀纳斯，不给他从容出球的机会。这显然和小组赛时的战术不一样。莉莉丝，你怎么看？"

莉莉丝分析道："白山是河阳城队的队长，也是攻防核心，让他来死盯喀纳斯，这是一种'兑子'的做法，希望以此缓解防守的压力。但同时河阳城队的进攻也会受到很大影响。希望河阳城队能有后续的战术变化。等一等，丹特，你有没有发现河阳城队随时都至少有四名球员站在后场，这是非常罕见的站位。"

"很明显，这样的防守型站位取得了不错的效果。冰封王国的进攻队员有些不太适应，迟迟未能取得进球。后卫乌云和守门员高思屡屡化解险情。"丹特继续说道。

高思设计的战术起到了效果，上半场结束，河阳城队仅以 0 比 2 落后，这个比分完全在计划当中。

丹特在中场休息时点评："河阳城队防守起到了效果，但还是丢了两个球。双方在高强度对抗中都消耗了大量的体力，下半场河阳城队能够起死回生吗？让我们拭目以待。"

下半场的比赛就要开始了。冰封王国的队员先出场，迎接他们的是巨大的嘘声。紧接着河阳城队员出场，刚要欢呼的观众突然都愣住了。丹特说："河阳城队员穿的这是什么衣服？传统的风球球衣都是紧身衣裤，以减少被气旋的影响程度。他们这身衣服却在腋下和裆部都做了加宽处理，看起来像个蝙蝠！"

这正是高思的秘密武器之一，由他设计、由萱萱连夜赶制的"飞翼装"。

莉莉丝说："这身新式衣服到底有什么用途呢？现场观众和冰封王国的队员们都露出了疑惑不解的表情。"

他们很快就获得了答案。

下半场一开始，河阳城队一改上半时的防守战术，频频向冰封王国施压。与传统风球球员尽量避免被卷入气旋相反，他们主动找到气旋并投身其中。高速气流催动飞翼装像风帆一样鼓起，并把队员抛向空中。借助滑翔和转向，他们可以在不消耗太多体力的情况下迅速跨越十几米的距离。

丹特惊呼："他们'飞'起来了，这才是真正的'风'球！"

冰封王国的队员目瞪口呆。在他们还没有反应过来的时候，河阳城队迅速由尤尤扳回1球。现场观众欢声雷动。

卫冕冠军有些气急败坏，他们开始频频采取恶意犯规来阻止河阳城队员的前进。喀纳斯在白山从身边飞过的时候恶狠狠地把他从空中拉了下来。拉塞尔用球棒打了里蚩，还狡辩说以为他是风球。现场观众嘘声四起。裁判也多次出示黄牌进行警告。

莉莉丝愤怒地说："这是我见过的最肮脏的一场比赛！"

然而时间一分一秒地过去，河阳城依然以1比2落后。焦躁的情绪在观众席上蔓延。

丹特倒还能保持中立："由于新式球衣的采用，河阳城在下半场扭转了局势，他们保持了进攻的态势。里蚩和尤尤在中路进行配合，他们利用气旋进行大幅度的滑翔跳跃——尤尤接到传球杀入了禁区——他被后卫直接放倒了——哨响！红牌加点球！白山站到了点球点前，全场都屏住了呼吸。助跑，射门，球进了——！"

莉莉丝非常激动："2比2打平了！冰封王国为他们的暴力付出了代价！在最后的5分钟里他们要少一人作战！"

高思站在球门前，头脑异常冷静。今天的战术非常成功，但他不满足于平局，点球决胜有太多的不确定性。他在耐心地等待第二个秘密武器的出现。在比赛还剩最后一分钟的时候，他终于瞥见了一个超大气旋，从他身后的球门绕过去，缓慢地向中场移动。其他人基本都在冰封王国的半场，没有人注意到。高思心里暗叫："我是对的！"原来他通过多场比赛录像的总结，发现并不常见的超大气旋多数都在球场的这个方向产生。这就是为什么他们开场的时候坚持要换边，为的就是在下半时来到这个半场。

这时河阳城队获得了一个角球，这是全场的最后一次进攻机会了。高思慢慢地走到中场附近的位置，这在发角球时是比较常见的，因此几

乎没有人关注他。

　　"角球发起来了！直接飞入了禁区，引发一场混战！风球被解围出来，高高地飞向河阳城队的方向，看起来这场比赛要进入点球大战了！等等，这是谁？天啊！高思！他从中场起跳，飞跃了半个球场！他截住了风球，凌空下扑，直奔球门！冰封王国的守门员和一个后卫疯狂地起跳，想把他抱住！但高思的冲击力势不可挡，直接把风球连着两个人撞进了球门！我们赢了！统计王国赢了！"丹特激动得浑身颤抖，老泪纵横，再也不能保持中立，"我这辈子也不会忘记这场球！"

　　观众的洪流冲开护墙涌进球场。无数的人和嘈杂的声浪向高思压过来，紧接着他被人群高高抛起。望向看台，萱萱站在那里正朝他笑。

第十一章

做贼心虚

按照惯例，风球决赛第二天是盛大的庆祝活动。

高思一早起来，不知怎么突然想起了河阳城逃脱的胡子首领，这几天忙着风球比赛，都快忘记还有这么个人了。也不知道他有没有在哪里捣乱。

正想着呢，萱萱跑过来说："出事了！"

还有这么巧的事情吗？

为庆祝活动临时搭建的舞台边上拉起了警戒线，围观的人群都被拦在外面。里面有一群警察正在忙来忙去，为首的是一个中年警官和一个红脸男人，居然是高思在皇宫晚宴上见过的大法官。

大法官看到高思和萱萱，招手让他们过去，并相互介绍了一下。那中年警官是风城的公安局长。原来统计王国的警队建制，河阳城那样的小城只有警长，风城这样的大城才有公安局长。

高思问："出什么事了？"

公安局长说："今天早上工人在舞台下面发现了一个炸弹。"

高思又问："找到什么线索了没有？"

公安局长听说过高思的本领，也想看看他能不能帮忙破案，所以耐心地解释道："这个炸弹非常普通，查不出什么有用的线索。现场方面目前还在勘察。"

这时一个警察叫道："这里有发现。"

大家赶紧跑过去，只见在发现炸弹不远的地方有一个铁栅栏上挂着一缕绿色的衣服，边上一根铁钉上粘了一些血迹。看起来应该是有人不小心挂上栅栏弄伤了自己，衣服还被撕破了。当下就有警察小心翼翼地把血迹刮下来装到一个小玻璃瓶里。

公安局长拿起那缕衣服仔细观察着，突然说："这好像是神草王国特有的绿纤维。"

大法官接过去看了看，点头表示同意。

高思想起来，这衣服的颜色的确和神草王国代表团的衣服颜色一样，而且质地看起来也非常像。

这时出去调查情况的警察回来了，带回来一个目击者，原来是来自于绿谷代表团的神箭手木沙，他在射箭比赛上仅以 1 环之差输给了河阳城的阿坤。

木沙说："我们的驻地离这个舞台不远。我昨晚拉肚子，出来上过好几次厕所。大概半夜的时候看到一个穿着绿色长袍的人往舞台那边走过去，不过我也没当回事，早上才知道这可能是嫌疑犯。"

公安局长问："你看到那个人长什么样子了吗？"

木沙说："没有，昨晚风很大，那个人用布裹着脑袋。但是我确信他身上的长袍是神草王国的样式。因为绿谷离神草王国不是很远，我们经常和他们打交道，对他们的衣服非常熟悉。"

高思和萱萱对望了一眼，都看到了对方眼中的忧虑。由于蓝松和蓝玉那对叔侄对于刑侦队长腿伤的救治，他们对神草王国颇有好感。

公安局长大手一挥："去神草王国驻地。"

神草王国驻地被搜了个底朝天，警察在一个帐篷里找到了制作炸弹的原料和工具。萱萱围着那堆东西转了两圈，皱眉道："奇怪，这些东西上有股气味和胡子首领身上的气味一模一样，难道是他干的？"

高思闻言问："你在案发现场有没有闻到这个味道？"

萱萱摇了摇头："没有，有可能在舞台下面安炸弹的是另外一个人。也有可能是昨夜风大，把舞台那边的气味给吹散了。"

驻地的主帐篷里，代表团团长蓝松直喊冤枉："这一定是有人故意栽赃陷害神草王国。"

公安局长说："现在人证、物证俱在，你们还有什么好抵赖的！"

高思说："且慢，神草王国和统计王国一向交好，实在是没有安放炸弹的动机。我们要谨慎行事，万一冤枉了他们，真正的坏人可要偷着笑了。"

蓝松感激地望了高思一眼。

高思继续说："我们现在有三条线索。第一，现场的衣服纤维和血迹；第二，目击者；第三，搜出来的炸弹原材料。除血迹目前无法辨认外，前两条线索只是说明昨晚有人穿着神草王国的衣服去过舞台。而这个人是不是神草王国的人完全没有办法判断。如果真有人栽赃陷害的话，这些正是为了将矛头指向神草王国。"

他问蓝松："你们驻地这两天有没有人丢衣服？"

站在一旁的蓝玉说："我马上去查。"

过了不一会儿，蓝玉带回来一个小伙子，说是他的族弟，叫做蓝华。蓝华说："我刚刚发现自己有件长袍不见了。"

高思见蓝华个子不高，就问木沙："昨晚你看到的那个人个子高不高？身上穿的衣服有没有什么奇怪的地方？"

木沙仔细想了想说："那个人个子比较高。你这么一问，他当时看起来是有点奇怪，主要是弓着腰，我本以为是风太大，现在想想好像是身上的袍子有点小造成的。"

高思向公安局长说："你看，长袍很可能是嫌疑人偷走的。"

大法官道："关键这些都是空口无凭，但搜出来的炸弹原材料可是实实在在的物证。"

高思道："既然有人来偷衣服，就一定会留下线索。你这衣服是什么时候丢的？"最后一句问的是蓝华。

蓝华道："这件衣服我昨天穿过，傍晚的时候才换下来。"

高思问："那之后有没有人来过神草王国的驻地？"

蓝玉说："有，昨天晚上冰封王国来了两个人借几味治跌打的草药，我亲自接待的。"

高思问："他们有没有什么异常的行为？"

蓝玉露出了思索的表情："好像没有。他们来了之后，我们讨论了一下他们需要的草药，其中有一味草药不是很常见，需要到库房去拿。随后我带着他们去库房让他们亲自挑。嗯，等等，在库房的时候有一个人说他肚子疼，要去上一下厕所。然后出去了十来分钟才回来！"

当下马上有警察去厕所查看。很快发现厕所那里的帐篷上被划了道口子，恰好可供一人进出。那厕所味道不怎么样，那口子又在一个角落里，之前搜查的时候警察没注意到。

蓝松赶紧道："大法官，局长，这明摆着是冰封王国利用借药的机会偷衣服、划帐篷，然后偷偷放进炸弹原材料栽赃啊。"

公安局长马上发布命令："去冰封王国驻地！搜索衣服！带这两个人来见我！"

高思松了一口气，只要让萱萱闻出这两个人中有胡子首领的味道就能真相大白了。

冰封王国驻地也被翻了个底朝天，没有找到神草王国的衣服。

去借药的两个人带来了，其中一人自称是队医。

萱萱借故靠近他们走了一圈，使劲闻了闻，向高思摇了摇头，表示这里面没有胡子首领。高思大失所望。

公安局长喝道："冰封王国好大胆子！竟然偷盗衣服栽赃神草王国！当我统计王国无人吗？"

冰封王国那队医冷笑道："昨天我的确是肚子疼去上了趟厕所，根本没有偷衣服，也没有去划帐篷。现在你们也没有搜到衣服，没有证据可不能冤枉好人。"

公安局长见没有吓住他，一时也有些语塞。

高思把公安局长和大法官叫到一边，简要介绍了一下之前在河阳城的经历，并指出萱萱在炸药原材料上闻到了胡子首领的味道。这可能是目前剩下的唯一的有力线索了。

高思说："假定我们认为是胡子首领干的，而且和冰封王国有关，那么有很大可能胡子首领还在冰封王国驻地里。我们只要把所有人集中起来，萱萱就有可能从中找出胡子首领。"

公安局长马上传令下去。很快，有最大嫌疑的冰封王国和神草王国加起来几十号人都被集中起来。萱萱跑来跑去装作维持秩序，把所有的人都闻了一遍。

回来之后，萱萱偷偷指着冰封王国队伍中间的一个高个子说："那个人就是胡子首领。"高思一看，果然和之前绑架萱萱的那个蒙面人的身材很接近，而且真还留着一撇小胡子。只是不知道他什么时候成了冰封王国的人。

公安局长正要指挥人去抓他过来，被大法官拦住了："且慢，气味这个事情除了萱萱，别的人都闻不出来。虽然我们都相信萱萱，但不能把它作为证据。只要他死不承认，我们是没有办法的。"

正当大家一筹莫展时，高思突然说："我有个主意。"紧接着低声说了一通。公安局长想了想说："那只好试一试了。"说完就回头交代了几句，马上有警察去作安排。

见好半天没有动静，冰封王国的人开始聒噪起来："没有证据就赶紧放人。"

高思走上前说："各位稍安勿躁。先自我介绍一下，我是统计王国的国王特使，我叫高思。"

冰封王国的人见是刚刚在风球场上击败自己的人，哪能不认识，好几个人都开始咒骂起来。

高思不以为意，继续说："我还有一个身份，大家可能不知道，我是一个统计法师，我可以施展法术把嫌疑犯找出来。"

人群一阵骚动，他们都见过高思在风球场上那近乎神迹的最后一击，觉得高思真的有法术也说不定。

高思从一个警察手中接过一个圆盘，上面有一根可以转动的金属针。他煞有其事地将圆盘举过头顶，口中念念有词，然后说道：

"向各位隆重介绍，这是被我施了法术的灵盘，它可以帮助我们识别嫌疑犯。首先，我要用它来给你们排个顺序。"说着，高思用手把圆盘上的金属针用力一拨，那针便滴溜溜地转了起来。过了一会儿，针停了下来，指向一个神草王国的人。高思说："你是第一个。"紧接着，高思依次将每个人都排好序，总共有 70 个人。

高思说："其次，我要给你们编个号。"他又用力一拨金属针，等针停下来之后，他装模做样地仔细量了量针的角度，掐指算了一通说："刚才排第 13 位的人编号为 1，第 14 位的人编号为 2，以此类推，第 70 位的人编号为 58，第 1 位的人编号为 59，再以此类推，第 12 位的人编号为 70。"

"请大家按照编号从 1 开始站成一排。"高思说，"最后，我们从第一个人开始 1、2、1、2……依次报数，报到 1 的人出列，报到 2 的人留下。报完一轮之后，留下的人从第一个人开始 1、2、1、2……重新报数，重复刚刚的过程。几轮之后，剩下的那个人就是嫌疑犯！"

一帮人开始报数，第一轮过后，35个人剩下了。萱萱一看，胡子首领还在。第二轮过后，还剩17个人，胡子首领依然还在，表情还算镇定。第三轮，还剩8个人，胡子首领开始有点紧张了。第四轮，剩下4个人，胡子首领有点慌乱。第五轮，剩下2个人。第六轮结束，仅剩下胡子首领，他表情非常慌张。

高思说："哈，就是你了！"

胡子首领到底还是当过首领的人，他强自镇定，说："你这法术也不知道是不是唬人的，随便找一个人就说是嫌疑犯么？"

高思说："来人，脱掉他的上衣。"

果然在肩膀处有一处新的伤疤。

胡子首领说："这是我今天早上自己不小心划伤的。"

高思冷笑一声："就知道你会这么说。我们早有准备。"

一个警察递给高思一个小玻璃瓶。高思说："大家请看，这瓶子里面是嫌疑人在现场留下的血，我们来证明就是这位大哥的血。"

胡子首领问："你怎么证明？"

高思说："很简单，我们把现场的血放到水里，再从这位大哥手上取一点血滴进去，如果两股血相融，则说明是同一个人的血，否则就不是。"

人群一阵骚动，这也能证明？

高思说："怕你们不信，我们先来做个实验。"说着他取来两碗水，小心翼翼地把现场的血取了一点溶到两碗水里。然后他说："你们应该相信大法官和公安局长不是嫌疑犯吧？"

大法官扎破手指，往其中一个碗里滴了一滴血。高思拿起一个竹片，伸进去搅拌了一下，碗底出现了颗粒物，血没有相融。

公安局长采了一滴血到另一个碗里，高思如法炮制，也不相融。

高思说："现在轮到这位大哥了。"

胡子首领的手有点颤抖，但还是被取了一滴血到一个新的碗里。高思把剩下的现场血放进去，拿起一个新的竹片，伸进去搅拌了几下，两股血完全相融了。

神草王国的人一片沸腾："严惩嫌犯。"

高思说："这下你该承认了吧，胡子首领？"

胡子首领猛地抬起头，脸上露出不可思议的表情，随即泄气地跌坐在地上。

随后胡子首领交代了作案过程。原来他离开河阳城之后，尾随高思一路到了回风谷。他自感在统计王国难以呆下去，主动去投奔了和高思有过节的冰封王国。通过神草王国帐篷上的那个洞半夜钻进去盗取衣服，并放置栽赃的炸弹原材料，随后去舞台下安装炸弹，最后将衣服一把火烧了个干净。本以为这个栽赃的计划天衣无缝，不想高思神奇般地直接找到了他。

胡子首领指着冰封王国的那个队医道："这都是他指使我做的。"

公安局长怒视队医："现在你们还有什么话说？"

那队医道："我这里有个不一样的故事。这小胡子前几天跑到我们的驻地，哭着喊着要投奔我们。我们看他可怜就收留了他。没承想他居然包藏祸心，私自犯下这等大逆不道之事，我们完全不知情啊。"

胡子首领气得鼻子都歪了："你们竟然翻脸不认人！"

公安局长和高思面面相觑，冰封王国一把推个干净，他们也确实没有确凿的证据指控冰封王国。

大法官说："小胡子长期行窃在前，意图炸毁舞台在后，立即抓起来，等候审判。放炸弹这件事情冰封王国代表团逃不了干系。勒令你们马上离境，滚回老家去。"

神草王国代表团一片欢腾。

蓝松和蓝玉对高思是万般感谢。高思笑着说："你们还是感谢萱萱吧！"说着他解释了一通萱萱是怎么找到胡子首领的。

蓝玉问："我还是不太明白，就算你们知道是胡子首领干的，那你的那个法术是怎么能保证最后剩下的就是他呢？"

高思说："这个很简单。因为总共有 70 个人，所以按照我说的那个报数方法，最后剩下的一定是编号为 64 的人。刚开始胡子首领的排序是第 6 位，所以我编号时从第 13 位编起，他就被编到了 64 号。"

"那那个融血又是怎么回事？"蓝玉又问。

"其实现场的血早就干了，起不了什么作用。我弄了一个小伎俩，刚开始的两碗，我搅拌用的竹片上有醋，任何血碰上都会凝结。最后的那碗，竹片是干净的，当然就会相融。"高思解释道。

蓝松笑道："原来小兄弟刚开始搞的那一大通都是用来唬人的。"

高思大笑："要不是他做贼心虚，我再怎么唬他也没用啊。"

第十二章

法官高思

高思与大法官重新见面，颇为高兴。问起别来缘由，大法官说这次来风城，主要是因为有几件棘手的案子需要处理，不想碰到了高思。大法官也很高兴："你正好可以帮忙。"

高思问："都有什么案子？"

大法官说："我们先回风城再说。"

案件一：风城大学歧视女生？

进得城来，大法官说："我们先去风城大学。"

萱萱解释道："风城大学是我们统计王国的顶尖学府，下设农科、工科、商科三大学科，综合实力仅次于首都的伯努利大学，商科更是有过之而无不及。"

"我的愿望就是来这里读商科。"萱萱一脸憧憬。

刚进校门，高思就看见一群人在办公楼前举着横幅示威。他们大声喊着口号"还我公道！""反对歧视女生！"情绪十分激动。

大法官拉着高思和萱萱，一溜烟地跑进了办公楼，直奔校长办公室。校长一见大法官，苦笑着说："老同学，你看到外边的情况了吧？"

大法官说："我这不是给你搬救兵来了嘛！"说着便把高思和萱萱介绍给了校长。校长很激动，拉着高思的手说："特使大人一定得还我一个公道啊！"

高思问："发生了什么事情？"

校长叹了一口气说："特使大人看到外面的那群人了吧？他们都是今年申请风城大学但是落选的学生家长，而且都是女生的家长。他们认为风城大学在录取新生的时候对女生有歧视，所以在这里游行示威。"

大法官补充道："他们已经委托律师正式告上了法院，由于社会影响很大，所以我专程前来处理这个案子。"

高思问："他们为什么认为你们对女生有歧视呢？"

大法官从随身的包里掏出一份文件，封皮上写着"起诉书"。他从里面抽出一张图，解释道："这是风城大学过去 5 年来男生和女生的录取比例，也是他们主要的起诉理由。"

高思一看，尽管略微有些波动，但过去 5 年来风城大学男生的录取比例一直维持在 44% 上下，而女生的录取比例大概在 20%，的确是差了一大截，难怪女生家长们这么愤怒。

校长说："受到指控以后，学校高度重视，马上组织人员进行了调查，但没有发现任何问题，录取流程绝对公平、公正。农科、工科、商

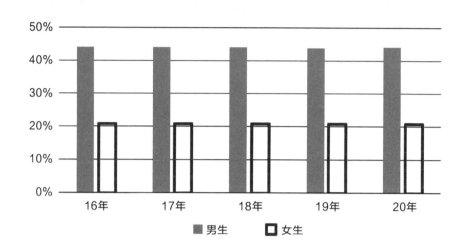

科三大学科的学部主任都拍着胸脯向我保证，绝对没有任何歧视女生的事情。"

大法官也说："我和校长是多年的老同学、老朋友，对他的人品绝对有信心。作为全国的顶尖学府，我也相信风城大学不会做出这么下作的事情。"

高思问道："那你们有没有统计过各个学科男女的录取比例？"

校长说："有的，特使大人请看。"说着他从办公桌上拿起了一张表，"这是过去 5 年农科、工科、商科的男生和女生平均录取比例，以及全校总的男生和女生录取比例。"

录取比例	农科	工科	商科	总计
男生	59.9%	39.9%	9.9%	43.9%
女生	59.9%	40.0%	10.0%	21.0%

高思一看，果然如校长和大法官所言，无论是农科、工科还是商科，男生和女生的录取比例都非常接近，没有看出任何歧视的现象。但是总的录取率，男生高达 43.9%，而女生仅为 21.0%。

萱萱说："咦，分科看男女生的录取比例几乎没有区别，但总体的录取率却相差很远。真是奇怪！"

大法官说："这正是让我们困惑的地方，也正是这种现象让女生家长觉得他们的孩子受到了歧视。"

高思笑道："这个要想解释也不难。"

校长和大法官顿时两眼放光："愿闻其详。"

高思说："这其中的关键在于农科、工科和商科的录取率不同，以及男生和女生申请这三门学科的比例不一样。"说着，他如此这般地详细解释了一通。校长和大法官听了频频点头，异常兴奋。

等高思解释完，校长和大法官相互看了一眼，校长一脸坏笑地说："还请特使大人向学生家长们解释一下。"

高思苦笑一下："你们倒是挺会踢皮球。不过我觉得还是让萱萱出去解释更好，因为她是女生，说话比较容易让那些家长信服一点。"

果然，当校长和高思走出门的时候，还没开口，就被那帮家长一顿臭骂，还险些被扔过来的臭鸡蛋、烂番茄什么的给砸中。

萱萱走上前说："各位叔叔阿姨请听我一言。"

家长们一看是个小姑娘，看起来比自己的女儿也小不了多少，就停止了叫骂，看看萱萱要说什么。

萱萱说："作为一个女生，我对风城大学男女录取比例严重失衡的现象表示非常愤慨。"

家长们一阵喝彩。

萱萱继续说:"为了揪出幕后元凶,我做了一点深入研究,发现农科、工科和商科三大学科的男女录取比例几乎就是差不多的,这说明每个学科对男女同学是一视同仁的。所以问题一定出在别的地方。"说着她把校长刚才展示的那张表给大家看。

家长们听着有点不乐意了,但数据摆在这里,也不好反驳。有家长就问了:"那为什么总体录取比例男生是女生的两倍?"

萱萱说:"这个解释起来其实也简单。"说着她写了几个公式,"无论

男女，假设我们用 A_1、A_2 和 A_3 分别表示农科、工科和商科的申请人数，用 q_1、q_2 和 q_3 表示这三科的录取比例。"

A_1：农科申请人数　　　　　q_1：农科录取比例

A_2：工科申请人数　　　　　q_2：工科录取比例

A_3：商科申请人数　　　　　q_3：商科录取比例

"那么 $A = A_1 + A_2 + A_3$ 表示总的申请人数。"萱萱继续解释道，"$p_1 = \dfrac{A_1}{A}$，$p_2 = \dfrac{A_2}{A}$ 和 $p_3 = \dfrac{A_3}{A}$ 分别表示申请这三个学科的学生的比例。"

$$录取比例 = \frac{录取人数}{申请人数}$$

$$= \frac{农科录取人数 + 工科录取人数 + 商科录取人数}{申请人数}$$

$$= \frac{A_1 \times q_1 + A_2 \times q_2 + A_3 \times q_3}{A}$$

$$= \frac{A_1}{A} \times q_1 + \frac{A_2}{A} \times q_2 + \frac{A_3}{A} \times q_3$$

$$= p_1 \times q_1 + p_2 \times q_2 + p_3 \times q_3$$

"根据历史记录，男生申请农科、工科和商科的比例分别为 50%、30% 和 20%。而女生申请这三个学科的比例分别为 10%、20% 和 70%。因此，根据上面的公式，我们可以分别计算男生和女生的录取率如下。"萱萱说。

男生：$50\% \times 59.9\% + 30\% \times 39.9\% + 20\% \times 9.9\% = 43.9\%$

女生：$10\% \times 59.9\% + 20\% \times 40.0\% + 70\% \times 10.0\% = 21.0\%$

"大家看出来为什么男生的总体录取率要比女生高么？"萱萱问。

高思这时走上前说："各位家长，女生的总体录取比例比男生低，不是因为学校对女生有歧视。而是因为女生们大多选择去申请商科，而商科的竞争最为激烈，录取比例远低于另外两个学科。"

家长们看着这两行算式，目瞪口呆。

校长乘机说："各位家长，非常抱歉让大家有这种误会。风城大学一定会加大商科建设力度，争取提高商科的录取率。也请各位女生家长多去申请农科和工科，不要吊在商科这一棵树上，耽误了孩子们的前程。"

案件二：谁是肇事者？

从风城大学出来，天色已晚，三人随便吃了点东西。躲过一场大雨之后，大法官说："我们去下一个案件现场。"

高思和萱萱跟着大法官来到了一座房子前。这座房子占地面积很大，前面有一个花园，里面开满了各种鲜花，非常漂亮。但是不知为什么，朝马路那边的花园栅栏有一个大缺口，里面的花东倒西歪，像是被什么东西碾压过。

大法官敲了敲门，开门的是一个神态倨傲的老头。客厅里还坐着一胖一瘦两个人，看见大法官，他们说："大法官来得正好，我们正好把事情分辨清楚。"

高思和萱萱坐在那里听他们争吵了半天，终于大概搞清楚了事情的来龙去脉。原来这个老头就是这所房子的主人，是风城著名的园艺专家，人称柳公。一个星期前的晚上，有一辆公共出租马车在路过房子的时候，突然失控冲进了花园。出租马车夫怕承担责任，驾着马车直接溜掉了。风城只有两家经营出租马车的公司，这一胖一瘦两个人分别是他们的经理。两人正在这里协商赔偿事宜，但就赔偿比例问题争吵不休。

萱萱偷偷问大法官："这花园看起来损失也不大，应该赔不了多少钱，值得大家在这里吵来吵去的吗？"

结果那老头听见了，冷哼了一声，说："这马车踩坏了我两株顶级野生风兰，要是让我找到这马车夫，他把自己卖了都赔不起。"

萱萱听了暗自咋舌。原来这风兰是风城的特有兰花品种，可以抵抗强风，但比较稀少，因此价格不菲。野生风兰更是难得，何况还是顶级的。

大法官说："由于现场没有留下什么证据，我们查了一个星期也没有找到肇事者，估计是很难找到了。因此现在两家出租马车公司在协商如何赔偿。"

高思问："你们怎么知道一定是出租马车撞的呢？"

老头儿说："我当时正在屋子里，亲眼所见。"

高思又问："既然亲眼看见了，那还不知道是哪家公司的吗？"

大法官苦笑说："麻烦就在这里。这两家公司的出租马车长得一模一样，唯一的区别是一家是蓝色，一家是绿色。而柳公——"他抬头看了一下那老头儿，"恰巧是蓝绿色盲，分不清楚。"

高思心想，居然会这么巧？

萱萱说："既然分不清，大家各赔一半好了。"

胖经理说："那怎么行，全城的出租马车，我们公司只占 15%，他们公司占 85%。要赔也是我们赔 15%。"

瘦经理冷笑道："那你怎么不说有目击者看见肇事马车是绿色的呢？要我说就应该你们全赔。"原来胖经理公司的出租马车是绿色的，瘦经理公司的出租马车是蓝色的。

萱萱问："原来还有另外的目击证人？"

大法官说："当时有一个路过的行人恰好看见肇事马车逃逸。"

萱萱说："既然目击者看见是绿色的，那不就一定是胖经理公司的车吗？"

大法官说："没有那么简单。你们看看窗外。"

这时恰好有一辆出租马车飞驰而过，大法官问："刚才那辆马车是蓝色的还是绿色的？"

萱萱说："是蓝色的呀！"

高思说："咦，我怎么看着是绿色的呢？"

大法官说："蓝色和绿色比较接近，尤其是在晚上很难分辨。有实验证明，在这样的光照条件下，能够正确识别是蓝色还是绿色的可能性只有 80%。"

老头说："所以我说胖经理的绿马车公司就应该赔 80%。"

大法官问高思："小兄弟，你有什么想法没有？"

高思想了一会儿说："如果没有任何信息，我们会觉得蓝绿马车的可能性各占一半。后来我们知道全城绿色的马车只占 15%，因此我们判断绿色马车的可能性是 15%。但是我们又获得了一条额外信息，有目击者认为它是绿色的。所以我们现在需要根据这条信息来调整我们对绿色马车可能性的判断。"

萱萱问："那这个要怎么调整呢？"

高思解释道："我们现在要计算'在目击者认为肇事马车是绿色的条件下，它真的是绿色'的可能性。这是一个'条件可能性'，记作 P（绿色 | 目击为绿色），中间那个短竖线表示'条件'。它的计算公式是这样的。"说着高思写下了一个公式：

$$P（绿色 | 目击为绿色）$$

$$= \frac{P（绿色 \& 目击为绿色）}{P（目击为绿色）}$$

$$= \frac{P（绿色 \& 目击为绿色）}{P（绿色 \& 目击为绿色）+ P（蓝色 \& 目击为绿色）}$$

高思继续解释道："其中 P（绿色 & 目击为绿色）是指'马车为绿色而且目击者认为它是绿色'的可能性。类似地，P（蓝色 & 目击为绿色）是指'马车为蓝色而目击者认为它是绿色'的可能性。"

大法官问："那要怎么计算这些可能性呢？"

高思又画了一个图，解释道："大家看，全城有 15% 的马车为绿色的，85% 的马车为蓝色的。如果肇事马车的确为绿色的，则目击者有

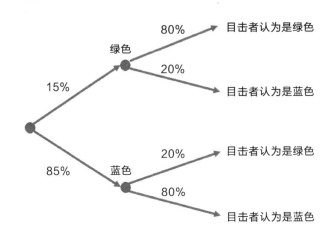

80% 的可能性认为它是绿色的，还有 20% 的可能性错误地判断成为蓝色的。类似地，如果肇事马车为蓝色的，则目击者有 20% 的可能性错误地把它判断成绿色的。因此，P（绿色 & 目击为绿色）= 15% × 80% = 12%。而 P（蓝色 & 目击为绿色）= 85% × 20% = 17%。"

萱萱问："所以根据上面的公式，P（绿色 | 目击为绿色）= 12% ÷（12% + 17%）= 41%？"

高思说："是的。所以绿色出租马车公司要赔 41%，蓝色出租马车公司要赔 59%。"

瘦经理叫冤道："目击者都说是绿色的了，凭什么我们蓝色出租马车公司还要赔得比他们多？"

高思说："一方面是因为你们蓝色的出租马车实在是太多，是你们肇事的可能性比绿色的要大。要不是有目击者认为是绿色的，你们要赔 85% 呢。另一方面是因为在晚上正确判断蓝绿色的可能性仅仅只有 80%。如果目击者可以 100% 确定肇事马车是绿色的，那你们就可以

不用赔了。"

　　瘦经理沮丧地说："那好吧，我们认了。"

　　大法官非常高兴，拍着高思肩膀说："我就说找你来准没错！"

案件三："醉汉"的步伐

　　解决了两个棘手的案子，大家都很高兴。在回去的路上，高思得意地哼着小曲：

大千世界，如梦如幻

芸芸众生，时对无常

诸神束手，众仙彷徨

唯我统计，普渡慈航

缚住随机的苍龙

收敛扰动的巨浪

拨开数据的迷雾

推断彼岸的方向

……

萱萱抿嘴笑道："你的歌喉要是和你的统计一样厉害就好了。"

三人正走着，突然发现前面围了一群警察，看起来在办什么案子。为首的一个警长明显认识大法官，赶紧向他打招呼。

大法官问："发生什么事了？"

警长说："有一个醉汉掉进坑里摔死了。"

高思和萱萱一看，果然警戒线内有一个大坑，坑边躺着一个人，看起来比较瘦小，浑身酒气，满脸是血，想必是刚从坑里捞起来。旁边一个女人正在那里哭："孩子他爸，你怎么就这么走了哇……"

大法官皱了皱眉头，问："死亡时间是什么时候？"

警长说："我们大概在晚上十点钟的时候接到报案，赶到现场时受害人已经死亡。法医推断死亡时间不超过一个小时，死亡原因为坠落后颅脑损伤。"

大法官又问："确定是自己掉进去的？"

警长说："当我们赶到时，现场只有受害人的足迹通向这个大坑。由于今天傍晚刚下过一场大雨，现场比较泥泞，任何人都应该没有办法在不留下足迹的情况下接近这个大坑。结合受害人的死亡时间，他只可能是自己掉进去的。"

警长又补充道："受害人血液中酒精含量非常高，显然之前喝了很多酒。所以他走路也是东倒西歪。"说着便把足迹指给他们。

三人一看，地上果然有一行鞋印歪歪扭扭地通向大坑，看着的确像是一个醉汉的足迹。

警长说："我们已经比对过鞋印，的确是受害人脚上那双鞋留下的。"

大法官问："受害人家属怎么说？"

警长指了指还在哭的那个女人，说："这是受害人的老婆。她对于自己老公意外死亡这个结论没有什么意见。"

大法官说："那应该没有什么问题了。可以就此结案。"

警长见大法官同意他的判断，马上浑身轻松起来，招呼着手下进行收尾的工作。

这时萱萱看见高思盯着那行足迹，眉头紧锁，显然在思考着什么。她问高思："这足迹有什么问题吗？"

高思没有答话，走到那行足迹边上，蹲下去仔细地观察鞋印，又扭头看了看受害者。突然说："我明白了。"

高思走到大法官身边，说："先不要急着结案，这足迹有问题。"

大法官说："哦？有什么问题？"

高思说："这足迹很有可能不是一个真的醉汉留下的。"说着，他画了一幅图。

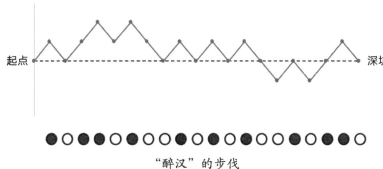

"醉汉"的步伐

高思解释道："这幅图的上半部分是根据地上足迹画的一个简化线路图。从足迹开始的地方到最后这个坑，总共走了 20 步。"

这时警长也闻讯赶过来，他说："这足迹上上下下的，看起来很像是一个醉汉走的路啊？"

高思说："通常我们认为一个醉汉走路的方向是随机的，因此每一步往斜上方走还是往斜下方走相当于是由投硬币来随机决定的。假设我们认为硬币正面朝上就是往斜上方走，反面朝上就是往斜下方走。那么这个足迹对应的 20 次投硬币的结果就应该是这幅图下半部分画的这样。其中黑色圆圈表示硬币正面，白色圆圈表示硬币反面。"

顿了顿，高思说："而这个硬币正反面的序列，很可能并不是随机产生的。"

萱萱数了数说："20 个圆圈里面，正好 10 个黑色，10 个白色。相当于扔 20 次硬币恰好得到 10 次正面朝上，看起来非常符合随机的规律啊？"

高思说："我们来做一个模拟，也就是真的随机扔 20 次硬币，看看结果是怎么样的。"

萱萱掏出一枚硬币往地上一扔，反面。高思就在地上画一个白色圆圈。接着萱萱又扔了 19 次，高思把结果一一记录下来，并把它和之前的那个圆圈序列画在一起。

A ●○○●○●●○●○●○○●○●●○●○

B ○○●○●●○●○○●○○●●●●○○●

高思说："序列 A 是现场足迹对应的扔硬币序列，序列 B 是我们随机产生的。大家看看有没有什么区别？"

大家瞅了一会儿，大法官苦笑道："要不是知道事实，我会认为序列 A 是随机产生的，而序列 B 是人为伪造的。"

警长和萱萱也点头表示同意大法官的说法。

高思问："你们为什么会觉得序列 A 更像是随机产生的呢？"

萱萱说："因为序列 A 看起来正反错落有致，而序列 B 有更多的连续正面的情况，看起来很可疑。"

高思说："恰恰相反，这种非常错落有致的序列更有可能是人为伪造的。这两个序列都有 10 次正面朝上，10 次正面朝下。但如果我们考虑从正面变为反面或者从反面变为正面的次数，在扔完第 1 次硬币之后，有 19 次变化正反面的机会，每一次发生变化的可能性为 0.5。因此平均变化次数应该为 19×0.5 等于 9.5 次。你们数一数序列 A 和 B 分别有多少次正反变化？"

大家数了一会儿，萱萱说："随机序列 B 正反变化的次数为 10 次，非常接近于 9.5。而序列 A 正反变化的次数有 15 次。"

高思说："序列 A 的 15 次变化相对于 9.5 次的平均值是非常极端的。事实上我们可以计算出变化次数有 15 次或以上的可能性仅仅为 0.96%，差不多每一百个随机序列中才会发生一次。这说明序列 A 很有可能是人为伪造出来的。而伪造这个足迹的人犯了和你们一样的错误，以为忽上忽下的足迹才像是随机的。"

警长说："那就是说这醉汉很可能是被人扔下去摔死的？但现场只有一行走向深坑的足迹，没有看到任何离开的足迹啊？"

高思指着地上的足迹说："大家有没有觉得这足迹特别深？尤其是相对于受害者这个瘦小个子而言？"

警长恍然大悟："我知道了！一定是凶手穿着和受害者一模一样的鞋，背着喝醉的受害者走到深坑边，把他扔下去摔死。然后沿原路倒退着离开。由于有两个人的体重，所以这个足迹特别深！"

大法官说："这个猜测很合理。看来今晚你们有得忙了。"

警长走过去告诉那个女人："你丈夫很可能是被人谋杀的。"

那个女人抬起头，表情看起来有些慌乱。

高思打了个哈欠，真是漫长的一天。

第十三章

第二天早上，高思和萱萱向大法官辞行。大法官告诉他们："昨晚的那个案子查出来了，是受害者的老婆有了外遇，为了侵吞财产才联合情夫作案的。"

萱萱非常愤怒："真是个黑心的女人。"

大法官说："做坏事的人终究逃不过法律的制裁。"

高思和萱萱别过大法官，出了风城，继续东行。到了中午，艳阳高照，两人正饥渴难耐时，看到路边有一小食摊，赶紧过去打尖。

吃过东西，两人坐在那里闲聊。萱萱说："这大热天的，吃过东西就犯困。"说着就打了个哈欠，趴在桌子上睡着了。

高思觉得有点不对劲，正准备叫醒萱萱，突然自己也觉得一阵头晕目眩，暗叫不妙，却也支撑不住，昏睡过去。

也不知道过了多久，高思慢慢醒转过来，发现自己躺在一辆马车里，萱萱还在一旁昏睡。他赶紧把萱萱摇醒。萱萱揉揉眼睛，问："我们这是在哪儿？"

高思环顾四周，发现这是一辆非常豪华的马车，内部空间十分宽敞，桌、椅、床俱备，甚至还有洗浴和方便的地方，俨然是一个豪华酒店套房。虽然马车在行进途中，但整个车厢十分平稳。

高思走到马车尾，推了推车门，发现被人从外面锁住了。他扬声喊道："喂，有人吗？"连喊了好几声，都没人理会。他又检查了两边的窗户，也被人关死了。只好退回来坐在椅子上，低声对萱萱说："看起来我们被人绑架了。"

萱萱问："会是谁呢？"

高思摇了摇头："我也不知道。"

好在绑架的人对他们似乎并无恶意，定时有人送来丰盛的饭菜。送饭之人对高思和萱萱态度恭敬，但无论高思如何询问，他都一声不吭。如此几次之后，高思也无可奈何了。心想："等到了地方，你们主人总会露面吧。"

马车日夜不停一直在赶路。看太阳起落的方向，应该是在往东北方向走。行得数周，气温越来越低，还有人给他们送来御寒的衣物，做工均精美至极。

如此过了月余，马车终于停了下来。

只听得外面一片嘈杂的声音，过了不多久，突然完全安静下来，紧接着有人打开了车门。只见一人站在车门口迎接，赫然是高思在回风谷见过的山羊胡子，当时在坏孩子喷泉边上给他讲解过坏孩子轮盘的规则。

无论如何没有想到会在这里看见他。

正在高思和萱萱目瞪口呆之际，山羊胡子发话了："一路车马劳顿，辛苦二位了。"

高思回过神来，愤怒地问："你到底是什么人？为什么要绑架我们？"

山羊胡子说："小兄弟，多有得罪。待见到敝上，一切自然清楚。"

高思和萱萱下了马车，跟着山羊胡子穿堂过院，来到一座内厅之中。厅中站着一人，身材颀长，气宇非凡。

见到高思和萱萱，这人笑道："欢迎来到冰封王国。"

高思恍然大悟，肯定是因为自己和萱萱在风球大赛上破坏了他们安放炸弹的阴谋，所以才被绑架来此。当下冷哼一声，也不答话。

山羊胡子介绍道："这是我们冰封王国的大王子。"

高思暗忖，原来是个大人物。难怪有如此豪华的马车和宅院。

大王子见高思不说话，也不为意。招呼三人分宾主坐下。当下便有仆人流水般奉上香茗美点。

待仆人退下，大王子正容说："高思先生可知自己正处于危险之中？"

高思说："王子殿下安放炸弹在前，绑架我两人在后，现在问这种问题，岂非可笑之极？"

大王子说："先生误会了，安放炸弹的是敝国的二王子。无论你是否相信，我对先生绝无恶意。"

山羊胡子说："大王子殿下一向主张与统计王国交好。二王子殿下才是与统计王国作对的人。"

大王子说："先生先在风球场上大发神威，后又揭穿他们安放炸弹的阴谋。如果我放出消息，说先生已经来到无极城。他们必将除先生而后快。"无极城正是冰封王国的首都。

高思没搞清他葫芦里卖的是什么药，因此也不答话。

山羊胡子说："但是只要先生答应和我们合作，我们可以保证你们的安全。"

大王子说："我们知道先生是外面世界来的人，这里的荣华富贵对先生不值一提。但我可以保证，全力帮助先生返回外面世界。坊间传言，通往外间的秘密通道与玉石有关，而我们这位杨管家正是随机大陆上首屈一指的玉石专家。"说着他指指山羊胡子。

山羊胡子拈须微笑，显是十分得意。

高思心想，你们倒是打听得挺清楚。他愤怒于对方将自己绑架到此，但听说他们居然有秘密通道的消息，虽说不知真假，好歹也是条线索。因此开口说道："不知王子殿下有何事需要合作？"

大王子拍手笑道："先生果然是个痛快人，如此我也不再遮遮掩掩。这一切要从先王几个月前过世说起。"

原来冰封王国的国王几个月前刚刚过世，临终遗言，哪位王子持有传国玉玺，便是王位的继承人。这传国玉玺为稀世珍宝，本是世间独一无二。不成想大王子和二王子都拿出了一块玉玺，宣传自己应该继承王位。双方争执不下，因此王位一直空缺至今。

萱萱低声道："我的确听说冰封王国的王位继承是由传国玉玺来决定的，但具体情况不太了解。"

杨管家，也就是山羊胡子，说："大王子殿下贵为长子，继承王位理所当然。二王子竟敢伪造玉玺，实为大逆不道。"

萱萱问："你是玉石专家，鉴定一下哪块玉玺是真的不就行了？"

杨管家道："二位有所不知，这传国玉玺并非普通玉石，它有一特性是尺寸时大时小，变幻不定。因此非常难鉴定。"

大王子说："实际上杨管家已经确认，本王手上的玉玺才是真的。但由于杨管家一向听命于我，因此二王子的人马都不认同。朝中持此观点的王公大臣也不在少数。"

高思心想，这话都是你说的，也不知是真是假。他问道："那你们把我找来干什么？我对玉石可是一窍不通。"

大王子说："先生过谦了，先生自来到随机大陆，先有破解费舍尔先生地图的妙举，后又大破盗贼于河阳城，更不提风球大战大显神威，施展法术破解炸弹疑案，神奇之事，不胜枚举，是不可多得的统计学奇才。传国玉玺的尺寸随机变换，要想破解其中的统计规律，先生实乃不二之人选。"

杨管家说："只要先生确认大王子殿下手中的玉玺是真的，待殿下继承大位，绝对不会亏待先生。"

高思问："那万一我鉴定出来二王子手上的玉玺才是真的呢？"

大王子笑道："哪块玉玺是真的，本王心中有数。如果你鉴定不出来，未免徒有虚名。"

高思心下恍然，难怪他们大费周章千里迢迢把自己从风城运过来，又是威逼，又是利诱。原来是要借自己之口，助大王子登上王位。不用说，自己的这个鉴定还没有开始，结果就已经注定了，否则恐怕自己和萱萱性命不保。

当下议定，第二天由大王子带高思和萱萱上朝，并提出让高思来鉴定玉玺。

商议完毕，大王子长身而起："为做到绝对保密，一路上委屈二位了。旅途劳顿，还请二位好好休息。有什么需要，随时找杨管家。"

当晚，萱萱对高思说："我想起来爸爸有一个朋友是冰封王国的人，我有他的地址。找个机会我去找他一下，看看能不能帮我们忙。"

高思问："这人可靠吗？"

萱萱说："当年我爸爸有大恩于他，应该没有问题。"

第十四章

三道难题

第二天一早，杨管家就过来带高思和萱萱去皇宫。

高思问："现在朝中情况如何？都有谁支持两位王子？"

杨管家说："自先王去世，王位空缺。目前暂时由王后理政，丞相和大将军辅政。丞相掌握朝政大权，但他公正严明，两不相帮。王后乃二王子生母，大将军是国舅，王后亲弟，他们都是支持二王子的。但据我们猜测，王后和大将军都受到二王子的蒙蔽，不知道他手上的玉玺是假的。"

进了皇宫大殿，只见正中坐着一位华服女人，显然就是皇后。身前站着两人，其中一个正是大王子。另外一个眉眼间和大王子依稀有些相似，只是面色有些阴郁，想必就是二王子。

殿中另外还有三人。大王子和二王子下首各站一人，分别作文官和武官打扮。高思猜想应该是丞相和大将军。剩下一人站在大将军身旁，一见高思进殿，就恶狠狠地盯着他。

高思一看，这不是在回风谷见过的冰封王国风球队的那个队医吗？能在这里看见他，可见身份绝非"队医"那么简单。

二王子看见高思，略带嘲笑地说："原来王兄找来的还是一个乳臭未干的小子。"大将军也附和道："把鉴定玉玺此等大事托付给一个毛头小子，岂非太过儿戏？"

大王子说："母后明鉴，儿臣刚刚已经详细介绍过高思先生的来历和经历，他的能力绝对毋庸置疑。大学士想必对此深有体会。"最后一句话他是对着那"队医"说的。

皇后说："哦？原来大学士见过高思先生？"

原来那"队医"正是冰封王国的翰林学士，在二王子的授意下偷偷跟着风球队去统计王国捣乱，不想被高思拆穿了。见皇后垂询，只好简要介绍了事情经过，当然重点是指责高思如何破坏他们的好事。

丞相正色道："冰封王国国事未定，大学士在此时去招惹统计王国，实非明智之举。"

二王子道："高思小子此前事迹，多为道听途说，不免有所夸大。鉴定玉玺事关重大，我们要先试试他是否有这个资格。"

丞相说："臣亦有此意。"

皇后说："皇儿和丞相所言甚是，但不知你们打算如何测试？"

二王子说："我们出三道题目，如果高思小子能够完全解答，我们就同意他鉴定玉玺。"

大王子本要出言反驳，见皇后和丞相都主张测试，只好同意。高思无奈之下也只能答应了。

大学士清了清嗓子："我先来出第一道测试题。"

这大学士在回风谷的时候折在高思手上，心里很不服气，想趁这个机会羞辱高思一番。

他说："这道题是比较两个可能性的大小。第一个可能性是假定我们把 361 粒米随机扔到一张冰棋棋盘上，棋盘最中间的那个格子上至少有 1 粒米的可能性。"

高思问道："兵棋？我们的兵棋棋盘最中间是界河，没有格子啊？"

杨管家解释道："冰棋是冰封王国最流行的一种棋，它的棋盘由 19×19 等于 361 个同样大小的方格子组成。和先生所说的棋应该不是同一种。"

大学士继续说："第二个可能性是你当前吸进的这口空气中，至少含有 1 个伟大先知伊萨 500 年前临死时呼出最后一口气中的气体分子的可能性。"

杨管家继续解释道："伊萨是冰封王国历史上最伟大的先知，于 500 年前过世。"

众人听了这个题目，都觉得匪夷所思。500 年前呼出的空气到现在被吸进口中的可能性？这怎么可能知道是多少！

大学士脸上露出了得意的笑容。这道题目是他从一个残破的小册子上看到的。他相信高思根本没有办法回答。

果然，只见高思眉头紧皱，在那里苦苦思索。

萱萱说："冰棋盘上总共只有 361 个格子，我们扔 361 粒米下去，最中间那个格子上至少有一粒米的可能性感觉还不算小。但空气的这个事情，感觉几乎没有可能。我觉得应该是第一个可能性大。"

众人都没有说话，但几乎都觉得萱萱说的是对的。

高思忽然开口了："两个可能性是一样的。"

大王子皱眉道："先生可有把握？"

高思说："王子殿下尽管放心。你看看大学士的表情就知道了。"

果然大学士一脸难以置信的表情，想必高思是答对了。

大学士说："你若解释不清楚为什么两个可能性一样，同样算你答错。"

高思说："我们先来看第一个可能性。当我们随机扔 1 粒米到棋盘上时，由于棋盘上有 361 个同样大小的格子，因此这粒米会被扔到最中间那个格子的可能性为 $\frac{1}{361}$。相反的，不会被扔到最中间那个格子的可能性为 $1-\frac{1}{361}$。大家对这个结论没有意见吧？"

众人点头称是。

高思在纸上写了一个公式。

P（中间格子至少包含 1 粒米）

$=1-P$（中间格子没有任何米）

$=1-P$（361 粒米每一粒都没被扔进中间格子）

$=1-P$（第 1 粒米没进格子）$\times \cdots \times P$（第 361 粒米没进格子）

$=1-\left(1-\dfrac{1}{361}\right)\times \cdots \times\left(1-\dfrac{1}{361}\right)$

$=1-\left(1-\dfrac{1}{361}\right)^{361}$

$\approx 1-e^{-1}\approx 0.63$。

高思解释道："任何事情发生的可能性等于1减去该事情不发生的可能性，因此'中间格子至少包含1粒米的可能性'等于1减去'中间格子没有任何米的可能性'。没有任何米表示每一粒米都没有被扔到中间格子。而每一粒米没有被扔到中间格子的可能性为 $1-\dfrac{1}{361}$，这个刚才大家都知道了。所以根据上面的计算公式，最后我们得到中间格子至少包含1粒米的可能性为63%。正如萱萱所言，这个可能性很大。"

萱萱问："棋盘这个还比较容易理解。那先知的这个怎么计算呢？"

高思说："为计算先知的这个可能性，我们有两个基本的假设。假设一是经过了这500年，伊萨先知当时呼出的那口气中的气体分子已经充分均匀地混合在整个大气当中。假设二是这些气体分子目前还存在在大气当中，而没有被吸收或者逃逸。如果没有这两个假设，我想再伟大的先知也回答不了这个问题了。"

众人都表示理解。

高思接着说："我们还需要两个基本常识。第一，整个大气中包含的气体分子个数大约为 10^{44} 个。第二，我们每呼出或者吸入一口气大约会呼出或吸入 10^{22} 个气体分子。

"伊萨先知500年前呼出的那口气中包含 10^{22} 个气体分子，我们把它们称为'特殊分子'。这 10^{22} 个特殊分子现在已经充分地混合在整个大气的 10^{44} 个分子当中。因此，当我们每吸入1个空气分子时，这个分子为特殊分子的可能性为 $\dfrac{10^{22}}{10^{44}}=10^{-22}$，反之，不是特殊分子的可能性为 $1-10^{-22}$。接下来的计算就和棋盘的问题一样了。"

萱萱说："我知道了，是不是这样。"说着她也写了一个公式：

P（吸的这口气中至少包含 1 个特殊分子）

$= 1 - P$（这口气中不包含任何特殊分子）

$= 1 - P$（这口气中的 10^{22} 分子每一个都不是特殊分子）

$= 1 - P$（第 1 个分子不特殊）$\times \cdots \times P$（第 10^{22} 个分子不特殊）

$= 1 - \left(1 - \dfrac{1}{10^{22}}\right) \times \cdots \times \left(1 - \dfrac{1}{10^{22}}\right)$

$= 1 - \left(1 - \dfrac{1}{10^{22}}\right)^{10^{22}}$

$\approx 1 - e^{-1} \approx 0.63$。

高思说："就是这样，因此两个可能性都为 63%。"

大学士面如死灰。他看到的那本小册子上只是说这两个可能性是一样的，没有具体解释原因。万没想到高思这么快就解决了。

大王子抚掌笑道："先生的解答实在是太精彩了。"

大将军冷哼一声："现在轮到我来出第二道题目了。我有一个军队的小问题，想请教高思先生。"

高思说："大将军请讲。"

大将军说："为将之道，当体恤士兵，让士兵吃饱穿暖，才心甘情愿为国效力。但总是有一些军中的败类，恶意克扣士兵军饷。我虽屡加整顿，但总是未能尽除。"

高思心想，这大将军权力欲望虽大，对士兵倒还不错。

大将军继续说："为了搞清楚克扣士兵军饷的情况，兵部每年都会做一个调查。我们随机抽取 1 000 个士兵，让他们做一个调查问卷，其中的一个主要问题是'在过去的一年里，你是否有被恶意克扣过军饷？'通过对这个问题的答案的分析，我们想知道被克扣军饷的士兵的比例。这项调查已经持续了两三年，调查结果显示被克扣军饷的士兵比例非常低。但实际上克扣军饷的事件还是时有发生，与调查结果有较大出入。我们一直迷惑不解，还请先生指教。"

萱萱说："这个问题我知道，一定是你们抽取的 1 000 个士兵不具有代表性。比如说，你们是不是只在精锐部队中做了这个调查？精锐部队的后勤保障肯定做得比较好，因此被克扣军饷的士兵比例很低。"

大将军说："要是这么简单的话，我们早就解决这个问题了。我们抽取的这 1 000 个士兵覆盖面非常广，各个兵种，各种层级都有涉及，代表性方面绝无问题。"

萱萱又问："那是不是你们的问卷回收有问题，很多被抽到的士兵没有回答你们的问卷？这样会导致收回来的问卷可能不具有代表性。"

大将军说："也没有这个问题。基本上所有的问卷都能回收。"

萱萱想了一会儿，又说："啊哈！是不是你们的调查问卷不是匿名的？"

大学士问："是不是匿名的又有什么关系？"

萱萱说："你们问的这个问题这么敏感。如果不是匿名的，被克扣过军饷的士兵担心如实回答之后会被上司报复，因此只好回答说没有被克扣军饷。所以你们的调查显示克扣军饷的比例那么低。"

大将军摇头道："我们也考虑过这个问题，所有问卷都是匿名调查的。"

萱萱说："啊？那我可想不出问题在哪里了。"

二王子见高思默不作声，嘲讽道："高思小子，这问题你答不上来了吧？"

高思闻言笑道："二王子何出此言，我只是需要一点时间确保我的答案完全正确而已。"

他转向大将军说："其实刚才萱萱说的这个匿名性的问题，的确是关键。这个问题实在是太过敏感，仅仅对问卷进行匿名还是不够的，士兵们还是会担心你们可能通过别的途径知道每份问卷都是谁填的，因此还是不敢说实话。"

大将军问："那可有解决办法？"

高思说："当然有，我们只需要把问问题的方式以及问的问题稍微改一改就可以。"

大将军说："哦？愿闻其详。"

高思在纸上画了一个流程图。

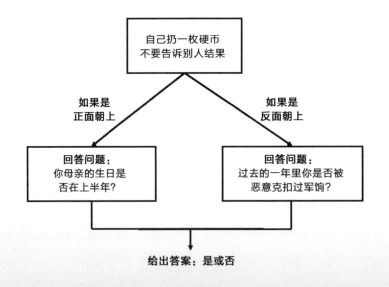

高思解释道："对于填写问卷的士兵，我们让他自己扔一枚硬币，但不要告诉别人扔硬币的结果。如果这个硬币正面朝上，他就回答一个非常简单的问题：你母亲的生日是否在上半年？如果这个硬币反面朝上，他就回答我们想要的这个敏感性问题：过去的一年里你是否被恶意克扣过军饷？当他给出一个答案是或否的时候，由于我们不知道他扔的硬币是正面朝上还是反面朝上，因此我们也不知道他回答的是哪一个问题。在匿名的基础之上，这种问题的设计方法进一步加强了保密性，使得士兵更愿意如实地回答。"

二王子对此嗤之以鼻："哗众取宠！我们都不知道士兵回答的是哪个问题，这样的问卷结果要来有何意义？"

高思说："我当然有办法可以通过这种加密的答案来计算出真正被恶意克扣过军饷的士兵比例。"

说着他又画了一个图。

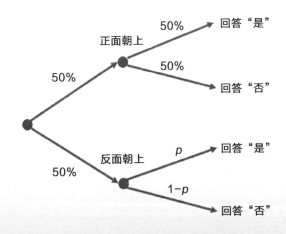

　　高思解释道："每次扔硬币，有 50% 的可能性正面朝上，也有 50% 的可能性反面朝上。当硬币正面朝上时，由于大约有 50% 的人会在上半年过生日，因此回答'是'和'否'的可能性各占 50%。当硬币反面朝上时，如果假定真实的被恶意克扣过军饷的士兵比例为 p，则回答'是'的可能性为 p，回答'否'的可能性为 $1-p$。而我们的目标就是要知道这个 p 是多少。"

　　二王子冷哼一声："这不还是不知道 p 怎么算吗？"

　　高思说："二王子稍安勿躁。虽然调查的结果不会直接告诉我们 p 是多少，但我们可以知道回答'是'的士兵比例。而这个比例和 p 有关系。因此我们可以通过这个比例来计算出 p。"说着他又写了几行公式：

$$P（回答"是"）$$
$$=P（正面朝上 \& 回答"是"）+P（反面朝上 \& 回答"是"）$$
$$=P（正面朝上）\times P（回答"是"|正面朝上）$$
$$\qquad +P（反面朝上）\times P（回答"是"|反面朝上）$$
$$=50\% \times 50\% + 50\% \times p$$
$$=0.25 + 0.5 \times p。$$

　　高思继续说："因此，p 等于问卷里回答'是'的士兵比例减去 0.25，然后再乘以 2。比方说，如果回答问卷的士兵中有 30% 的人回答'是'，那么 p，也就是被克扣过兵饷的士兵比例就为（$30\% - 0.25$）$\times 2 = 10\%$。不知道二王子看懂了没有？"

　　二王子阴着脸没有搭腔。

大将军高兴地说："先生果然妙计，解决了我们一个大问题。"

高思心想，这个大将军看起来是真心实意地为士兵着想啊。

只剩下最后一道题目了。

二王子说："最后一道题目我来出，很简单，只要高思小子在一个小时之内作出一万首诗来就算过关了。"

此题一出，众人一片哗然。

大王子反对道："我们是来考察高思先生的统计学能力的，又不是考查他作诗的能力。"

萱萱也抗议道："一个小时，一万首诗，就算是光抄字也抄不完啊，何况还要作出诗来。"

二王子冷笑道："如果高思小子自认作不出来，那就趁早认输吧！"

高思笑道："完全没有问题。给我拿 10 张上好的纸来。"

只见他拿起纸张，仔细检查了半天，拿起剪刀，将每张纸都剪成四四方方的一块。然后用钉子在边上订上，将纸张装订成一个有 10 页的小册子。他做这些事情的时候极为小心，等把这些弄完，20 分钟已经过去了。

大学士嘲笑道："先生难道是等这些纸自己写出诗来吗？"

高思也不答话，提起笔，在第 1 页上写下了 4 行诗：

黄河远上白云间，

一片孤城万仞山。

羌笛何须怨杨柳，

春风不度玉门关。

　　大学士目瞪口呆。他虽然一肚子坏水，毕竟是个翰林学士，墨水也是喝过不少的，但自问无论如何也写不出这样的诗来。

　　大王子赞叹道："想不到高思先生作诗也是一绝，这首诗笔调苍凉悲壮，写尽了戍边战士思念家乡的情怀。"

　　高思翻到第 2 页，继续写下第 2 首诗：

　　　　　　　青海长云暗雪山，

　　　　　　　孤城遥望玉门关。

黄沙百战穿金甲，

不破楼兰终不还。

这回轮到大将军动容。从军之人更能体会到诗中体现的战士的艰苦生活和豪情壮志。

萱萱忍不住问："从来不知道你还会写诗？"

高思压低声音，偷偷地对萱萱说："都不是我写的。这是外面世界的两位古代著名诗人写的。我只是拿来应急。"

二王子冷笑道："诗歌虽好，可是别忘了题目是写一万首诗。你这还差得远呢。"

高思不理会他，提笔又在剩下的 8 页纸上每页都写下了一首诗。当然都是古人写的。共 10 首分别如下：

黄河远上白云间，一片孤城万仞山。羌笛何须怨杨柳，春风不度玉门关。

青海长云暗雪山，孤城遥望玉门关。黄沙百战穿金甲，不破楼兰终不还。

秦时明月汉时关，万里长征人未还。但使龙城飞将在，不教胡马度阴山。

葡萄美酒夜光杯，欲饮琵琶马上催。醉卧沙场君莫笑，古来征战几人回？

渭城朝雨浥轻尘，客舍青青柳色新。劝君更尽一杯酒，西出阳关无故人。

烽火城西百尺楼，黄昏独上海风秋。更吹羌笛关山月，无那金闺万里愁。

回乐烽前沙似雪，受降城外月如霜。不知何处吹芦管，一夜征人尽望乡。

故园东望路漫漫，双袖龙钟泪不干。马上相逢无纸笔，凭君传语报平安。

骝马新跨白玉鞍，战罢沙场月色寒。城头铁鼓声犹震，匣里金刀血未干。

誓扫匈奴不顾身，五千貂锦丧胡尘。可怜无定河边骨，犹是春闺梦里人。

然后他把笔一扔，说："写好了！"

萱萱愕然道："你这才写了10首诗啊。"

高思说："哦，对了，还差一步。"说着他拿起剪刀，把诗歌的每两行之间都剪了一刀。这样一来，四行诗的每一行都可以单独翻页。他把小册子一扬："这就是一万首诗。"

一看时间，刚刚好过去一个小时。

大学士嘲笑道："你是不会数数吗？这哪里来的一万首诗？"

高思说："大家请看，这里有10页纸，每一页纸上有一首四行的诗歌。注意每一行都可以单独翻页。当我把第一行翻到第2页，得到的诗句是'青海长云暗雪山'。我再把第二行翻到第9页，得到的诗句是'战罢沙场月色寒'。第三行翻到第5页得到'劝君更尽一杯酒'。第四行翻到第1页得到'春风不度玉门关'。这就组成了一首新的诗。"

萱萱念道："'青海长云暗雪山，战罢沙场月色寒。劝君更尽一杯酒，春风不度玉门关。'好诗啊！"

大王子兴致勃勃："我也来翻一下。"说着他把第一行翻到第1页，第二行翻到第2页，第三行翻到第6页，第四行翻到第7页。也得到一首新诗：黄河远上白云间，孤城遥望玉门关。更吹羌笛关山月，一夜征人尽望乡。

高思说："你们尽可以随便翻，我保证可以一天一夜不重样。"

萱萱问道："总共真有一万首吗？"

高思说："当我们翻页的时候，第一行诗有10种可能，分别是第1页到第10页。同样的，第二行诗也有10种可能，第三行、第四行也都是 10 种可能。因此总共有 10 × 10 × 10 × 10 = 10 000 种可能。也就是一万首诗。"

大王子笑道："真是妙极了。"

再看二王子，脸色更加阴郁了。他本想出一道和统计无关的题目让高思为难，没想到也被高思用统计的方法给解决了。

一直没说话的丞相这时开口了："高思先生果然是名不虚传。冰封王国能请来先生，实乃幸事。臣奏请皇后恩准让高思鉴定玉玺。"

皇后说："今日天色不早，请高思先生明日再进宫进行鉴定。"

真假玉玺

当晚，萱萱偷偷地溜出去找他爸爸的朋友。高思则与大王子和杨管家商讨第二天的鉴定事宜。

高思说："请大王子把手上的玉玺先拿出来给我看一下。"

杨管家转进后堂，小心翼翼地捧了一块玉玺出来。大概巴掌大小，颜色晶莹剔透，玉质温润淡雅，的确是玉中极品。说是玉玺，其实更像一块圆圆的玉佩。

说话间，那玉玺忽然发出了淡淡的光彩，表面像是泛起了波纹，紧接着变成了只有刚开始一半的大小。

杨管家解释道："这玉玺每10秒会变化一次，变化的尺寸大小并无规律可言。小的时候大约有两个硬币大小，大的时候可到人脸大小。"

高思问："如此巧夺天工之物，竟然还有人能够复制？"

杨管家叹了一口气道："自先师过世之后，若说天下有一人能够做到，那一定是我的师弟巫言。"

高思问："莫非你师弟在为二王子效力？"

杨管家道："我这师弟天资聪颖，在玉石研究方面极有天分，造诣远超于我。可惜为人心术不正，喜好制作赝品，被师傅逐出门墙。后又闯下极大的祸事，随之便销声匿迹。但我们一直怀疑在二王子身后出谋划策的便是他。也只有他有能力做出一块能以假乱真的玉玺。"

高思问："他不会改头换面以另外的身份出现吗？"

杨管家摇了摇头："我师弟头顶有一硕大的肉瘤，极易辨认。只要他抛头露面，一定会被我认出来。"

高思又问："二王子手上那块玉玺管家应该见过，真的与这块全无分别吗？"

杨管家道："我曾仔细鉴定过这两块玉玺，形状、颜色、质地等全无二致。变化的周期也都是 10 秒钟一次。唯一的区别是变化的大小并不同步。"

高思问："那你如何鉴定出大王子这块玉玺是真的呢？"

杨管家傲然道："那全凭我身为玉石鉴定师的一种直觉。"

高思心想，原来你也拿不出确凿的证据出来，难怪别人不相信。于是问道："就算我能区分两块玉玺大小变化的规律，但我没有见过真的玉玺长什么样子，还是没有办法鉴定哪一块是真的。"

大王子说："这个好办，先王在世时，真的玉玺留有录像资料。明日先生便可查阅。"

高思松了一口气："那我心里有数了。"

这时有一守卫急匆匆地进来说："不好了，萱萱姑娘出事了！"他递给杨管家一张纸条，"这是刚刚有人用箭射到王府门口的。"

高思凑过去一看，只见纸条上写着："高思小子，萱萱在我手上。明日鉴定你该知道怎么做了。知名不具。"

高思脸色大变。萱萱去寻人之事极为隐秘，除了他自己之外无人知晓，现在这情况，八成是萱萱爸爸的这个朋友把她出卖给二王子了。

大王子知道事情的来龙去脉之后，大为震怒。

高思说："我们去找二王子把萱萱要回来。"

杨管家说："先生切勿冲动。现在二王子摆明要拿萱萱姑娘来要挟先生，我们去找他没有任何用处。而且如果别人问起，他肯定会矢口否认绑架了萱萱姑娘。"

大王子深吸一口气道："为确保萱萱姑娘安全，明日我可奏请将玉玺鉴定押后，然后再图营救。"

高思心里一阵感激，到这时他才觉得大王子可能真如杨管家所说，并不是一个坏人。至少不是一个为达目的不择手段的人。

高思沉思了一阵，抬头说："我有一个计划，二位看看是否可行。"说着便介绍了一通自己的想法。

大王子说："事到如今，只能冒险一试了。但先生切记不要勉强，到事不可为之时，大不了我们撕破脸皮，到时候鹿死谁手还难说得很。"

次日，皇宫大殿，众人再次齐聚。

两块玉玺摆在大殿正中，形状、色泽、质地果无二致。每隔几秒就有一块玉玺改变大小。两块玉玺交替发光变换，甚为奇妙。

丞相说："敢问高思先生有何鉴定之法？"

高思说："如今两块玉玺唯一的区别在于大小变换时的规律，因此我将从此着手，只要找到变化规律与原来玉玺一致的，便是真的。听说先王在世时，留有真玉玺的影像资料，不知可有此事？"

皇后说："确有此事。来人，把录像拿上来。"

当下便有人呈上录像。录像中那真玉玺也是每 10 秒变化一次。单凭肉眼看，这三块玉玺真的是没有任何区别。

丞相问："先生将如何找到玉玺大小变化的规律？"

高思说："人有指纹，数有'数纹'。我只要将这三块玉玺的尺寸变化记录下来，寻找三组数的数纹，便可知道哪两块玉玺是一样的。"

丞相正要再问，大王子道："如此奇妙的方法真是闻所未闻，还请先生主持大局。"

高思说："首先，我们需要采集这三块玉玺的尺寸数据。就像这样。"说着高思拿起一把尺子量了一下一块玉玺的直径，80 毫米，记录在纸上。等过 10 秒，玉玺变换尺寸，高思又量了一下，103 毫米。"就像这样，每个玉玺都需要采集 2 000 个数据。"

丞相皱眉道："2 000 个数据？那岂非要量很长时间？"

高思说："数据越多，就越容易区分不同的玉玺。事关重大，多等几个小时又有什么关系呢？"

当下就上来三个人，每个人负责记录一块玉玺。大家谁也不敢离开，八双眼睛紧盯着忙碌的三个人，心里各想各的心事。

六个小时过去了，终于得到了每个玉玺的 2 000 个尺寸数据，分别如下：

真玉玺：$\{87，78，76，89，90，129，\cdots，110，124，52\}$

大王子玉玺：$\{126，83，121，90，72，\cdots，130，55，99\}$

二王子玉玺：$\{80，103，86，114，69，\cdots，83，115，72\}$

大王子问："不知先生将要如何提取这三组数据的数纹？"

高思说："其实最简单的数纹大家经常都有用到，比如说'最小值'和'最大值'。我们先来计算一下。在这段时间里，真玉玺的最小尺寸为45毫米，最大尺寸为153毫米。大王子玉玺的最小尺寸为43毫米，最大尺寸为151毫米。二王子玉玺的最小尺寸为41毫米，最大尺寸为152毫米。"

大将军问："三块玉玺尺寸的最小值和最大值相差都不是很大，何以区分？"

高思笑道："当然没有这么简单了。我们再来看看另外两个重要的数纹，分别是'样本均值'和'样本标准差'。"说着他写下了两个公式：

$$样本均值：\overline{x} = \frac{x_1 + x_2 + \cdots + x_n}{n}；$$

$$样本标准差：s = \sqrt{\frac{(x_1 - \overline{x})^2 + (x_2 - \overline{x})^2 + \cdots + (x_n - \overline{x})^2}{n-1}}。$$

高思解释道："假设我们的数据是$\{x_1，x_2，\cdots，x_n\}$，则样本均值由第一个公式给出，实际上就是平均数。样本标准差由第二个公式给出，它衡量的是这组数据相互之间的差别大不大。"接着，高思就把三组数据的均值和标准差都计算了出来。

	最小值	最大值	样本均值	样本标准差
真玉玺	45	153	100.6	22.6
大王子玉玺	43	151	99.6	22.6
二王子玉玺	41	152	99.6	22.1

大王子说："三个玉玺尺寸的均值和标准差也相差无几啊。"

高思说："嗯，看起来这个伪造者还是有两把刷子。没关系，我直接出动重量级的数纹'直方图'好了。"说着他在纸上计算了半天，画出了一张表和三幅图。

尺寸区间	玉玺尺寸数据在每个区间的个数		
	真玉玺	某王子	另外一个王子
（40，50］	1	3	22
（50，60］	17	20	58
（60，70］	167	133	102
（70，80］	305	353	195
（80，90］	335	370	299
（90，100］	143	149	340
（100，110］	158	139	330
（110，120］	351	323	298
（120，130］	339	360	177
（130，140］	163	124	108
（140，150］	20	24	40
（150，160］	1	2	31
总　计	2 000	2 000	2 000

高思解释道："为了得到数据的直方图，我们首先需要将数据的取值范围分成若干个小区间。这里我们分成 12 个区间，第一个区间是 40 毫米到 50 毫米之间，第二个区间是 50 毫米到 60 毫米之间，以此类推，最后一个区间是 150 毫米到 160 毫米。然后数一下每组数里面分别有多少个数位于这些区间。比如说，真玉玺的这 2 000 个尺寸数据里面，只有 1 个数据位于第一个区间，有 17 个数据位于第二个区间，等等。"

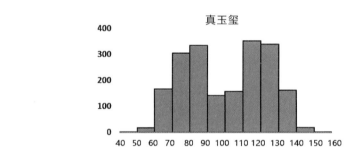

真玉玺

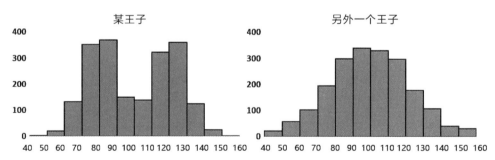

某王子　　　　　　　　另外一个王子

"最后，我们画出每组数据的直方图。"高思继续解释道，"直方图的横轴是尺寸的取值区间，每个区间上有一根直立的柱子，柱子的高度就是位于这个区间的数据个数。非常明显，真玉玺的直方图显示出了'双峰'的特征，在 80 毫米和 120 毫米附近的区间里数据较多。两位王子的玉玺尺寸直方图里，有一位王子的和真玉玺非常接近。而另外一位王子的直方图只是'单峰'的。显然是伪造者道行不够，未能捕捉到尺寸变化的'双峰'分布特征。"

众人一阵骚动。连王后都从椅子上站了起来。大王子表情还算正常，二王子恶狠狠地盯着高思，仿佛在说："别忘记萱萱在我手里。"

丞相激动地说："请先生公布哪一位王子的玉玺是真的。"

高思扬起手中的几张纸说："三块玉玺的尺寸数据都写在这几张纸上，哪位王子的玉玺是真的也写在这上面。"说着高思从身上掏出一个小盒子，飞快地将几张纸塞进去，咔嗒一下上了锁。当众人还在莫名其妙之际，高思又掏出一个布袋将两块玉玺装了进去，将布袋高高举起，厉声道："都不要过来，否则就把玉玺摔个稀巴烂。"

杨管家叫道："先生万万不可，这玉玺的玉质绝对经不起重摔。"

大将军正准备向高思扑去，听到杨管家的话，生生地顿住了身形，再也不敢轻易上前。

大王子说："先生不要冲动，有什么要求我们慢慢谈。"

原来这就是高思昨晚提出的计谋，通过玉玺来交换萱萱。

高思说："二王子绑架了我的朋友萱萱，把她放了，我就还你们玉玺。"

皇后和大将军均说："竟有此事？"看起来绑架一事是二王子自己所为，他们两人均不知情。

丞相厉声道："二王子殿下还不赶紧放人？"

二王子本想抵赖，但见这情势，无奈之下吩咐道："放人！"

过不了多久，萱萱就被带了过来。看见殿中形势，她一声不吭地站到了高思身边。

丞相道："先生请归还玉玺。此乃冰封王国国宝也，但对先生并无益处。"

高思说："如今两块玉玺已被混在一起，就算你们拿回去，也只能判断哪一块是真的，却无从得知这真玉玺是大王子的还是二王子的。现今唯一的证据就在我这个盒子里。"他指着盒子上一个按钮说："我只要一按这个按钮，盒子里的纸条就会被烧为灰烬。"

丞相道："先生还待怎地？"

高思说："很简单，把我和萱萱送到无极城南 25 千米处，备两匹快马让我们离开。我自然会将玉玺和这盒子归还。"

大王子脸上闪过一丝诧异之色，但很快恢复了平静。高思这一招并不在昨晚商讨的计划之内。原来由于萱萱爸爸朋友的出卖，高思打算不再相信任何冰封王国的人，他要凭自己的计谋脱身。

二王子说："大家不要被他唬住，先把他拿下再说！"

高思冷笑道："现在有人巴不得把证据毁掉，好让大家搞不清楚谁才是真正的王位继承人。"

丞相厉声道："谁也不准轻举妄动！"

大将军说："我们答应先生便是。但你又能如何保证不在离城途中对盒中的纸条做手脚呢？"

高思说："这个好办，就由大王子、二王子和丞相三人亲自送我们出城。这盒子想要打开，需要 12 位密码，手脚颇多。在三位的监督下，我绝无可能做任何手脚。为确保公平，前 6 位密码我会给大王子，后 6 位密码我会给二王子。当我离开之后，须得你们两人同时才能打开盒子，这样无论是想篡改还是销毁，你们都没有机会做手脚。各位对这个方案还满意吗？"

皇后说："就依先生所言！"

无极城南 25 千米，高思和萱萱纵马前行，将丞相等三人抛在身后，颇有劫后余生的感觉。

萱萱问："你哪里搞来这么一个密码盒？"

高思笑道："那只是我从大王子府随便拿的一个盒子，并不是什么密码盒。烧毁啊、密码啊什么的都是唬人的。临走前我扔给他们的密码纸条上不过是我随便写的几个数字。"

正说着，突然前面出现几个人骑马拦在路中间。高思暗叫不妙之际，发现为首的是杨管家。

高思问："杨管家是来抓我们回去的么？"

杨管家笑道："先生说笑了。大王子知道先生走得匆忙，因此特吩咐我在此等候先生。这是一些盘缠和衣物，算是大王子聊表心意。"

高思道："大王子明知那个盒子不是什么密码盒，却没有揭穿我。我已足感盛情，哪好意思再拿什么东西。"

萱萱笑嘻嘻地接过杨管家递过来的一个大包裹，说："我们帮大王子登上了王位，这点东西算得了什么。"

杨管家道："二王子不会这么善罢甘休的，冰封王国估计要干戈四起了。他肯定会派人来追二位，你们先去旁边的这个山谷里躲避一会儿，等追来的人马过去之后再换条路走。"

高思道："多谢杨管家，我们就此别过。"

第十六章

偶遇故人

　　高思和萱萱躲在山谷里，听着外面马蹄声急卷而去，相互看了一眼，心想，幸亏得杨管家提醒，否则肯定难逃毒手。

　　两人不敢再走大路，沿着一条小路仓皇而行。这条路人烟不多，好在杨管家准备齐全，干粮水袋一样不缺，短期内倒不至于饿肚子。但问题是完全迷失了方向。无奈之下只能根据太阳的方位，大致朝南方走去。

　　两人白天赶路，晚上席地而睡。此时已临近初冬，夜晚颇为寒冷，日子过得非常艰苦。高思身体素质很好，倒也挺得住，萱萱却是一天天地憔悴了下去。不过她很是坚强，从来没有叫过一声苦。

　　这一日两人走到一个山谷，到处绿树成荫，鸟语花香。高思和萱萱逃亡多日，第一次见到这么漂亮的地方，不由得精神一振。

　　这时萱萱看见前方树下有一丛野花，颜色妖艳，异香扑鼻。她非常好奇，便上前查看。突然间草丛里窜出一条蛇，以闪电般的速度张嘴向萱萱咬去。高思见这花长得异常，早就有戒备之心。见状一把推开萱萱，自己却躲避不及，被那蛇一口咬在小腿上。顿时觉得右腿麻木，再也站立不稳，一屁股坐在了地上。萱萱一声尖叫扑了过来，好在那毒蛇一击得手之后便缩了回去，没有继续攻击。

高思觉得麻木感迅速上行，很快就天旋地转，倒了下去。

迷迷糊糊中，高思听到一阵嘈杂的声音，有什么清凉的东西被贴在腿上，接着似乎有人把他抬起。他努力想睁开眼睛，但全身都已经不听使唤。脑袋越来越热，身体越来越沉，然后就彻底昏死了过去。

高思做了一个噩梦。有无数小鬼把他拼命往一个熔岩里拉，转眼又

身处暴雪中的冰原，身体控制不住地颤抖。他感觉自己向深渊滑落，父母在深渊顶露出绝望的眼神。他张口想叫妈妈，却无论如何发不出任何声音。忽然他感觉一个声音从遥远的地方传来，有人在叫："高思！高思！"他像是溺水之人抓住了救命的稻草，挣扎着看向声音传来的方向。终于他的眼前出现了一张模模糊糊的脸。"萱萱！"他艰难地叫了出来，感觉喉咙干涩无比。

萱萱见高思睁开了眼睛，非常高兴。赶忙给高思喂了几口水。高思喝过水之后，又昏昏沉沉地睡了过去。

不知道过了多久，高思终于清醒过来，只觉满屋药香。他抬头一看，只见萱萱正在一个炉子上熬着什么草药。自己的右腿肿得老高，颜色乌黑，伤口处贴了一副膏药。

这时门外走进来一个人，高思一看，竟然是在回风谷见过的神草王国的蓝玉。他看见高思醒了过来，赶紧走到床边，高兴地说："小兄弟，你终于醒了，那我就放心了。"

接下来，高思断断续续地搞清楚了情况。原来此地名为"神药谷"，已经是神草王国的地界。蓝玉和他的族人就居住在此，以制作草药为生。当日他们正在山谷中采药，忽然听到萱萱的呼救声。赶过去一看发现是高思被毒蛇咬伤，赶紧施救，并把他抬回了自己家。

萱萱说："你这一下昏迷了两个星期，可把我们吓死了。"

蓝玉说："咬上你的赤练花蛇乃奇毒之物，但通常只在赤练花附近活动。神药谷的人都认识，因此都会远离赤练花。好在咬伤你的乃是一条幼蛇，毒性尚不至于马上致命，我们才有机会施救。"

高思说："算我福大命大，竟然碰到了蓝大哥，否则早就一命呜呼了。"

蓝玉说："你身上毒性尚未清除，只能卧床静养，免得气血流动之下毒气攻心。"

就这样，高思在神药谷住了下来。神药谷一年四季温暖如春，气候宜人。萱萱按照蓝玉的方子每日熬制草药给高思外敷内服，慢慢调理。如此过得月余，高思腿上的肿消了大半，黑色也逐渐消退，偶尔还可以起身走动走动。萱萱的气色也一天比一天好了起来。经常有蓝氏族人过来看望他们，包括蓝玉的那个族弟蓝华，但是没有看见他的那个神医叔叔蓝松。

这一日，高思和萱萱正坐在院子里闲聊。蓝玉和蓝华两兄弟从外面走了进来。

蓝华一脸怒气："镇长真是太气人了！这个黄掌柜明明就是个奸商，还这么包庇他！"

蓝玉还算冷静："也不能这么说，我们没有办法提出确凿的证据，镇长也不能胡乱处理。"

萱萱问："发生什么事了？这么大火气！"

蓝华说："萱萱姑娘你来评评理。镇上的黄掌柜卖给我们的鱼胶粉经常不足量，我们去镇长那里揭发他，镇长却说我们证据不足。"

原来这鱼胶粉是用海鱼的鱼骨加工而成，是神草王国加工中草药的必备辅料。黄掌柜是镇上鱼胶粉店的老板，神药谷的人经常去他那里买鱼胶粉。蓝氏兄弟有一次意外发现黄掌柜卖给他们的鱼胶粉分量不足，因此留了个心眼，以后每次买来之后都自己称了一下。那鱼胶粉的标准包装是 100 克，但他们称下来平均只有 95 克。因此今天他们去找黄掌柜和镇长理论，但被驳了回来。

萱萱问："100 克的鱼胶粉平均只有 95 克，这不是明显有问题吗？黄掌柜是怎么狡辩的？"

蓝华模拟着黄掌柜的神态语气说："哎呀！蓝兄弟，这标准包装是 100 克，我们每次称的时候总是难免有所出入的。有时候比 100 克多一点，有时候比 100 克少一点。你们这几次运气不太好，碰到比 100 克少一点的时候多一些。等再多买几次，说不定就碰到多于 100 克的时候多一些了。"

萱萱说："他这么一说，好像也有那么一点点道理。"

蓝玉见高思作思考状，便问道："小兄弟，你有什么看法？"

高思问："你们总共收集了多少包鱼胶粉的数据？"

蓝玉说："我们家的中草药产量比较大，鱼胶粉的需求量也很大。前后我们大概记录了 100 包的重量数据。"

高思说："那我应该有办法判断黄掌柜是不是在说谎。"

他问萱萱："你还记得玉玺大小的直方图是怎么画的吗？"原来闲来无事，高思已经把他如何鉴定真假玉玺的过程和方法详细地讲给萱萱听了。

萱萱说："记得。蓝大哥，你记录的重量数据呢？"

蓝玉赶紧从怀中掏出一张纸，上面记录了 100 包鱼胶粉的重量。

萱萱拿过纸，在上面演算了一通，嘴里念念有词："嗯，总共 100 个数据，最小值为 81 克，最大值为 107 克。平均值为 95.5 克，标准差为

5.4 克。把重量区间从 80 克到 100 克每 5 克划分为一组。计算每一组里的数据个数，然后画出直方图。每个区间上的柱子的高度就是该区间里数据的个数。成了，就是这样。"

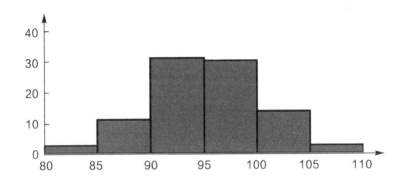

高思拿过图来一看，说："这个黄掌柜果然有问题。"

他向蓝氏两兄弟解释道："你们看，你们拿到的鱼胶粉重量围绕在 95 克左右波动，越靠近 95 克的区间里数据越多，越远离 95 克的区间里数据越少。这说明黄掌柜卖的所谓'100 克的鱼胶粉'实际上是按照 95 克来称的，只不过由于秤本身的随机误差，所以有的时候比 95 克重，有的时候比 95 克轻。"

萱萱道："如果黄掌柜的确是按照 100 克来称的，那么重量的分布应该是围绕 100 克左右波动，这个直方图应该关于 100 克近似对称，而不会是现在这个样子了。"

蓝华说："我就说这个黄掌柜是个奸商，我们再去找他。"说着拉着蓝玉就要走。

高思说："你们把萱萱带着一起去吧，免得解释不清楚。我行动不便，就不跟着去了。"

蓝华说："对对对，有萱萱姑娘在，就不怕黄掌柜狡辩了。"

三人兴冲冲地去了。过了不到一小时，又兴高采烈地回来了。蓝华大笑道："黄掌柜果然被萱萱姑娘批得哑口无言。"

蓝玉说："镇长当即勒令黄掌柜改正，务必确保鱼胶粉足量出售。"

高思嘱咐道："为了防止他再搞猫腻，你们还是接着记录每次买的重量。"

如此又过了一段日子，高思身上的蛇毒已经清除大半，行动已无大碍。他每天在谷里到处走走，随着蓝氏兄弟学习一点中草药知识，日子倒也逍遥。虽然身上还有伤，却是到了随机大陆之后最为舒心的一段时光。只是想到寻找费舍尔爷爷的重任，心里也不免偶尔有些焦躁，希望早日痊愈动身继续前往随机森林。

蓝氏兄弟依高思所言，继续记录鱼胶粉的重量，近来买的鱼胶粉至少也有 95 克以上，平均重量达到了 100.6 克。看起来那黄掌柜果然不敢再短斤缺两了。

但是有一天，蓝玉向高思和萱萱说："还是有族人向我反映说他们买的鱼胶粉有些不足斤两。但是他们又没有像我们一样每次都记录重量，也没有办法像我们之前那样验证。"

高思想了想说："不用看他们买的鱼胶粉的重量，把我们最近买的鱼胶粉的重量再画一个直方图看看。"

蓝玉说："我们买的鱼胶粉平均重量不是已经到了 100 克吗？再画直方图还有意义吗？"

高思说："我还不能肯定。但画出来就知道了。"

萱萱按照高思教的方法，又画了一幅新的直方图。

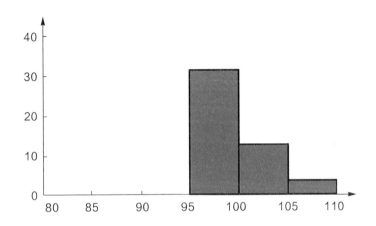

蓝玉问："这个直方图怎么看着这么奇怪？像是缺了一半似的？"

高思说："你说得非常准确，就是缺了一半。你知道是怎么缺的么？"

蓝玉困惑地摇了摇头。

萱萱说："我明白了，肯定是黄掌柜被你们投诉之后，表面上答应不短斤缺两，但实际上依然我行我素。唯一的变化是当你们兄弟俩去买鱼胶粉的时候，特意挑偏重一点的包给你们。所以你们拿到的鱼胶粉的平均重量达到了 100.6 克。但从直方图上来看，就变成了原来的一半。缺的那一半就是黄掌柜故意没有卖给你们的偏轻的鱼胶粉。肯定都卖给其他人了。"

蓝玉恨恨地说："这个老狐狸，我再去找镇长。"

一直到了晚上蓝玉才回来，说是镇长彻底调查了黄掌柜的店，发现他的秤果然还有问题。罚了点钱之后勒令他关门整顿。蓝玉又把高思的方法教给了大家，想必黄掌柜再也不能搞鬼了。

高思问道："像鱼胶粉如此重要的物资，为何管理这么不严格？"

蓝玉叹了一口气道："小兄弟有所不知，这鱼胶粉的制作工艺非常复杂，因此都是一些商号在制作和售卖。这些商号都是正经买卖人，绝对不会糊弄我们。但是大约八九年前，神草王国凭空出现了一个大的巫药公司，资金非常雄厚，以更高的价格向渔民收购海鱼骨，用更低的价格出售鱼胶粉，很快就把多数老的商号挤垮了。巫药公司基本上垄断了鱼胶粉市场，我们只能任其宰割。这黄掌柜的店直属于巫药公司，因此才敢如此肆无忌惮。"

高思问："王国高层也任由其胡作非为么？"

蓝玉说："这巫药公司成立之后，先后推出了几款巫药。他们通过实验的方法证明了这些巫药的疗效比我们原来的草药要好，还有数据作为支撑。恰好我们的国王是个年轻人，正想锐意推进改革。双方可以说是一拍即合。有了国王作为后盾，他们还有什么顾忌的呢？"

萱萱说："这巫药公司还研发了一些疗效更好的药，也不是一无是处啊？"

蓝玉说："奇怪的地方就在这里。这几款巫药进入市场之后，我们发现其疗效好像也不见得就比原来的草药好，有的甚至更差。其中一两款药还闹出过人命，但由于难以证明是和巫药有直接的关系，所以也不了了之。他们非常擅长做营销，价格卖到了寻常草药的三四倍。对医药市场造成了很大的混乱。"

高思问："神草王国的医药界没有出来抵制巫药公司？"

蓝玉说："巫药公司为获得国王信任，故作姿态地笼络了一批草药界人士。我叔叔作为神草王国首屈一指的神医，也被拉去他们公司担任首席顾问了。"

高思这才知道为什么一直没有看见蓝松。

萱萱问道："蓝大哥，别怪我说话难听。我看你叔叔也是个好人，怎么会和巫药公司同流合污呢？"

蓝玉说："萱萱姑娘误会了，我叔叔正人君子，怎屑与宵小为伍？他只是假装合作，想乘机调查巫药的真相。昨日刚接到他的来信，说是有关于巫药的重大发现，让我速赴蒹葭城。明日我就打算动身了。"蒹葭城是神草王国的首都，也是巫药公司的总部所在地。

高思说："蓝大哥，我们和你一起去蒹葭城吧，或许能帮上忙。"

蓝玉说："这是神草王国的事情，实在不好意思劳烦小兄弟。"

高思说："我们本来就打算南下，绕到古奇山脉南边再赶去随机森林。去蒹葭城只是顺路而已。再说若非蓝大哥施救，我早就一命呜呼了。还说什么劳烦不劳烦。"

蓝玉大喜道："如此我们求之不得。"

巫草争锋

　　蒹葭城位于神草王国中部，连接着东南部的渔业区和西北部的草药区，因此十分繁华。看到城门上"蒹葭城"三个大字，高思忍不住吟道："蒹葭苍苍，白露为霜。所谓伊人，在水一方……"萱萱笑道："你这又是借用哪位古人的诗吧？不过……真是好听。"

　　高思等三人在城内的落脚点是位于城西的蓝氏草药房。当三人赶到时，蓝松已在那里等候多时。看到高思和萱萱，蓝松非常高兴。几个月不见，这位神医看起来憔悴了很多，想必是最近调查巫药非常劳心劳力。同时在等候的还有一个年轻人，叫做卫矛，在巫药公司工作。

　　待五人坐定，蓝玉问："最近形势怎么样？"

　　蓝松说："可以说是有忧有喜。忧的是巫药公司的势力越来越大，国王正准备封龚从言为国师，册封仪式下个星期就要举行。"

　　"龚从言就是巫药公司的老板。"蓝玉解释道，"那喜的方面呢？"

蓝松说："喜的方面是我们终于抓住了巫药的一些马脚。"

蓝玉问："难道叔叔已经搞清楚巫药的制作方法？"

蓝松说："我这个所谓的首席顾问是只顾不问，完全被架空，没有机会接触到任何实质性的东西。但是卫矛有一些重要的发现。"

卫矛说："我是巫药公司的保洁员，负责打扫卫生，虽然职位低微，但可以自由出入于公司的多数地方。半年前我意外发现巫药公司经常在半夜偷偷地运进大批草药……"

萱萱问："咦？一个巫药公司，搞这么多草药干什么？"

卫矛说："我也觉得非常奇怪，偷偷打听了很久，终于被我发现一个秘密：原来这些草药都是用来加工巫药的！"

蓝松解释道："所谓的巫药，就是把我们的草药重新炼制包装，改头换面之后弄出来的东西。由于形状味道迥异，我们一直都没有察觉。这就解释了为什么巫药上市之后并没有体现出比草药更好的疗效。反而由于重新炼制的过程，导致疗效下降。"

高思问："他们这样大规模的采购草药，没有被人发现吗？"

卫矛说："他们通过很多看似不相干的公司分散采购，再偷偷集中到巫药公司。再加上有不少草药界的败类贪图高额的利润，成为了他们的走狗。所以不易被人察觉。"

萱萱问："那怎么解释他们的实验结果呢？在实验里，巫药的药效可比草药要好。"

卫矛说："这也是我们困惑的地方，但这些实验属于绝对机密，因此很难探听消息。直到半个月前，我终于从一个在研发部门工作的族人那里获得了重要信息。"

蓝松说:"简单而言,就是巫药公司在设计实验和汇报数据的时候搞了很多猫腻,但一般人很难觉察,具体的细节我们也不清楚。好在卫矛已经搞到了实验的原始文件。"

卫矛说:"我那族人很早就加入了巫药公司,参与了很多实验,因此有机会接触到机密文件。他看到巫药公司这几年的所作所为,非常惭愧。

得知蓝神医在暗中调查，便冒了很大的风险将原始文件复制了一份偷偷带了出来。"说着他掏出一大叠文件，"全在这里。"

蓝松说："说是原始文件，但其中主要记载的是实验数据，没有太多的说明，因此我们研究了好几天也没有理清头绪。好在高思小兄弟及时赶到，这个任务就交给你了。"

萱萱问道："就算我们发现了巫药的猫腻，可是现在国王如此信任龚从言，要如何才能扳倒他呢？"

蓝松说："龚从言的所作所为早就引起了公愤，只是国王还有一些不明真相的大臣被蒙在鼓里罢了。经过近期的活动，我们已经获得了很多支持，连王后和陈公都站在我们这边。下个星期的册封仪式将有很多人参加，是个公开揭穿巫药真面目的绝佳时机。"

"连陈公都支持我们，真是太好了。"蓝玉向高思解释道，"陈公是先王在位时的丞相，也是当今王后的族叔，德高望重。虽然已经退休，但在朝中还有很大的影响力。"

蓝松说："我们还有一个星期的时间做准备。其他的事情我会去安排，但这份实验文件才是最重要的证据，还要高思小兄弟费心。"

高思说："为了神草王国的百姓，我一定全力以赴。"

到了册封的这一天，在蓝松的安排下，高思和萱萱作为嘉宾进宫观礼。册封大殿人头攒动，来的人果然不少。

蓝玉低声给高思介绍："正当中坐着的是国王和王后。紧挨着站着两个人，左边那个是陈公，右边那个戴着顶高帽的就是龚从言。"

仪式开始了，国王率先发话："各位臣民，自本王就位以来，一向主张推进医药改革，得到了很多人的大力支持，龚从言先生可说是其中典范。自龚先生创立巫药公司以来，率先推进以实验和数据为主导的全新医药研发模式，并成功推出众多新型药物，在市场上广受欢迎，为神草王国医药的发展开拓了新的方向。为表明本王推进改革的决心，表彰龚先生的卓越贡献，今日特册封龚从言先生为神草王国国师，全面负责推进医药研发的改革。"说着就要将象征国师身份的权杖交给龚从言。

陈公说："且慢，请先听我一言。"

国王非常诧异，但碍于陈公的身份地位，也不便发作。便说："陈公请讲。"

陈公说："龚先生以实验和数据引导医药研发，我是非常欣赏的。但巫药公司开发出来的巫药，是否真如宣传的那样有效，我倒是听到了很多质疑声。"

龚从言说："新的事物总是会引起质疑，陈公切莫被人误导。"

陈公冷笑一声说："我本也以为是有人恶意中伤，但最近我看到了一些证据，使我不得不怀疑。有请蓝松神医。"

蓝松咳嗽一声，上前说道："最近我们拿到了巫药公司医药实验的实验数据，经过分析，发现其中存在重大的漏洞，甚至是对数据和事实的恶意歪曲，从而说明巫药根本没有存在的价值。"说着从怀中拿出一叠文件交给国王。

龚从言自恃无人能破解他精心设计的实验，便说："那我倒要看看巫药怎么就没有存在价值了。"

蓝松说:"有请统计王国国王特使高思大人和助手萱萱姑娘为我们解读数据。"说着往高思和萱萱一指。

此言一出,全殿轰动。

国王说:"特使在统计王国和冰封王国的光辉事迹早就传遍随机大陆。早前听闻特使在冰封王国失踪,没想到会出现在蒹葭城。"

高思看到龚从言听到自己的名字之后,双眼先是露出诧异的神色,然后就射出了仇恨的光芒。心想:"我和他素昧平生,怎么他看我就像看见仇人一样?"但也无暇多想,走到蓝松身边站定,扬声说道:"巫药公司共推出四款巫药,所谓的实验数据证明药效优于传统草药,全部都是荒谬的结论。且听我给大家一一道来。"

巫药 vs 草药之一:肿瘤病人的存活时间

"第一款巫药是治疗恶性肿瘤的。巫药公司找了 10 名肿瘤病人,让其中 5 人服用巫药,另外 5 人服用草药。然后跟踪记录病人存活的时间。公布的实验结果表明,服用巫药的恶性肿瘤病人平均还能够存活 2.5 年,而服用草药的病人平均只能存活 2 年。因此看起来巫药可以平均延长病人的寿命半年。"高思说。

大家议论纷纷:"看起来巫药的确是要更加有效啊?"

高思说:"当我们比较两种药的时候,不能只看存活时间的平均值,还要看存活时间的标准差。巫药病人的存活时间的标准差为 3.1 年,而草药病人的标准差为 0.12 年。而这些数据巫药公司都故意没有公布。"

萱萱说："这意味着巫药病人的存活时间差别很大，有的病人很快就死了，有的病人能活很长时间。而草药病人的存活时间差别很小，基本都在 2 年附近。"

高思说："实际上，大家看一看原始数据就很清楚了。"说着他给大家展示了一张写着数据的纸。

	肿瘤病人存活时间（年）	平均值	标准差
巫药	{0.9, 1.1, 1.2, 1.3, 8.0}	2.5	3.10
草药	{1.8, 2.0, 2.0, 2.1, 2.1}	2.0	0.12

大家一看，顿时哗然。

高思说："很显然大家都看出这其中的猫腻了。巫药病人多数都只能存活 1 年左右，只有 1 个病人存活的时间特别长，高达 8 年。因此平均存活时间被拉高到 2.5 年。而草药病人基本都能存活 2 年左右。哪种药效更好，相信大家心里有数。"

有人说："有个巫药病人活了 8 年，说明巫药在有些人身上非常有效啊！"

高思说："这个病人岂止活了 8 年，他到现在还活着！8 年只是这个实验持续跟踪的时间，有请王大爷。"

只见一个老头从人群中走了出来，面色红润，精神矍铄，看起来完全不像是肿瘤病人。难道这是巫药带来的奇迹？

王大爷说："各位大人，我当初是被误诊的，根本没有长肿瘤。"

大家先是愕然，然后哈哈大笑起来。

高思补充道："这个实验其实还有一个明显的问题，就是病人数量太少，这也可能导致实验结果不准确。"

巫药 vs 草药之二：咳嗽病人的康复时间

"第二款巫药是治疗咳嗽的。巫药公司选择了两个地方，海安郡和林山郡，分别推广巫药和草药。350 名咳嗽病人服用了巫药，400 名咳嗽病人服用了草药。巫药病人平均 3.1 天就康复了，标准差仅为 0.21 天。草药病人平均 5.2 天康复，标准差也仅为 0.42 天。因此看起来巫药更加有效。大家觉得呢？"高思说。

	病人数量	康复时间（天）	
		平均值	标准差
海安郡（巫药）	350	3.1	0.21
林山郡（草药）	400	5.2	0.42

有了刚才的经验，大家这次没有着急下结论，反而是仔细分析了一下，病人数量够多，有平均值也有标准差，草药病人的平均康复时间的确是更长，而且两组病人的标准差都很小，嗯，应该没啥问题吧？

萱萱说："上面是巫医公司公布的数据，看起来天衣无缝。但下面的数据是巫医公司没有公布的，大家请看。"

	病人数量	Ⅰ级咳嗽	Ⅱ级咳嗽	Ⅲ级咳嗽
海安郡（巫药）	350	180	120	50
林山郡（草药）	400	100	100	200

在场的医学专业人士很多，一看这张表就明白了。

原来Ⅰ级咳嗽是最轻微的咳嗽，康复较快，而Ⅲ级咳嗽是最严重的咳嗽，康复时间最长。巫药病人以Ⅰ级和Ⅱ级咳嗽为主，草药病人以Ⅲ级咳嗽最多，因此很难说巫药病人的康复时间短是因为巫药的疗效更好还是因为他们的咳嗽程度较轻。

萱萱说："海安郡靠近大海，气候较为温暖，因此病人的咳嗽程度相对较轻。而林山郡靠近大山，寒气较重，病人咳嗽的程度通常较为严重。这个实验关于巫药和草药的比较，是建立在不公平的环境之下的。因此得出的结论完全无效。"

高思说："事实上，如果我们分别比较各级咳嗽病人的康复时间，在每个级别上，都是草药病人的平均康复时间更短。巫药公司巧妙地欺骗了大家。"

巫药 vs 草药之三：精神病人的心理健康指数

"第三款巫药是帮助精神病人恢复心理健康的。巫药公司选择了一些精神有问题的病人，给他们测试了心理健康指数。然后让其中的一部分病人定期服用巫药，另外一部分病人定期服用草药。过了 1 年之后，病人回来复查，重新测试心理健康指数。下表是巫药公司公布的实验结果。注意，健康指数的取值从 1 到 10，越高说明心理越健康。"高思说。

	病人数量	服药前健康指数		服药后健康指数	
		平均值	标准差	平均值	标准差
巫药	75	4.1	0.32	7.0	0.31
草药	98	4.0	0.31	6.5	0.42

大家又开始分析了起来，病人数量不算太少，有平均值也有标准差，服药前两组病人的健康指数也差不多，看起来是公平的比较，服药后明显巫药病人的健康指数提升幅度更大。这次的问题又出在哪里呢？有了前两次的经验，大家知道肯定不是表面上看起来的那么简单。

高思笑道："看来大家都学聪明了，不错，这里面还是有猫腻。只不过比前两个实验更难看穿。"

萱萱说："其实说出来也很简单，这个实验一开始的时候巫药病人和草药病人分别都有 100 个。75 和 98 这两个数字是一年以后回来复查的病人数量。"

有人就问："这些没有回来复查的病人哪里去了？"

萱萱说："问得很好，巫药病人有四分之一的人病情加重，没有办法回来复查。事实上我们找到了一些病人家属，发现有不少病人在这一期间由于病情加重而自杀了。而这个比例在草药病人中仅为 2%。如果把这些病人也考虑进来，显然是草药的疗效更好一些。"

高思说："这些未能回来复查的病人数据缺失了，简单地忽略这些缺失数据是错误的做法，也是某些别有用心的人经常用来误导大家的工具。"

巫药 vs 草药之四：骨折的痊愈时间

"第四款巫药是用来帮助骨折病人恢复的。巫药公司找了一些小腿骨折的病人，一部分病人用巫药进行治疗，一部分病人用草药进行治疗，并跟踪记录骨头的痊愈时间。下面是巫药公司公布的实验数据，他们根据这个数据得出结论说巫药更加有效，大家看看有没有什么问题？"高思说。

	病人数量	康复时间（月）	
		平均值	标准差
巫药	32	4.5	2.21
草药	23	5.1	2.12

有人问："巫药病人和草药病人的骨折程度类似么？"

萱萱说："这方面没有问题，比较是公平的。"

又有人问了："那有没有病人没有回来复查的？"

萱萱说："没有。骨折病人基本都要医生确认后才算痊愈。"

高思说："看起来大家已经掌握了很多识别猫腻的诀窍了。这个实验如果单看公布的这个数据，是没有什么问题的。只不过我们并不能得出巫药就一定比草药有效的结论。"

萱萱解释道："尽管巫药病人的平均康复时间比草药病人要短 0.6 个月，但是两组病人的康复时间的标准差都非常大，分别为 2.21 和 2.12。这意味着不同病人之间的康复时间差别非常大，相比较而言由于用不同类型的药而带来的康复时间差别已经不是那么明显了。换句话讲，两组病人的平均康复时间没有显著区别。"

高思说："更为严重的是，我们发现这个实验巫药公司其实在 10 个不同的郡县都做过，其中 9 个郡县里巫药病人的平均康复时间都比草药病人要长。只有 1 个郡县里巫药相对要略好一点。而他们只公布了这 1 个结果。"

刚刚觉得这款巫药可能还有点用处的人群都有些愤怒了。

高思说："巫药公司只给大家展示他们想让大家看到的结果，而故意隐瞒那些对他们不利的结果。这是小人常用的伎俩，我们需要练就对数据的火眼金睛才能够避免上当受骗。"

等高思解释完，大殿上都炸开了。有人愤怒地大喊："龚从言，你就是个大骗子！"

国王问道："龚从言，我可以给你一个解释的机会。"但只听他从龚先生改称龚从言，就知道他其实已经相信高思所说的话了。

龚从言说："大王明鉴，随便拿出一些数据就说是我们巫药公司的吗？未免太过荒唐。"

这时人群中走出一人，向国王躬身行礼，说道："本人卫青，现任巫药公司研发部副总经理，大王手中的数据正是我提供给蓝神医的。我以身家性命担保这些数据全部都是真实的。"

龚从言见居然有公司高层临阵反戈，气得鼻子都歪了，但又无从反驳。因为他心里清楚，高思和卫青说的这些全部都是真的。

陈公说："现在事实已经十分清楚，请大王决断。"

国王脸上阴晴不定，显然是有些拿不定主意。龚从言毕竟是他亲手捧红的，这个转变也太过突然。

王后这时候发话了："大王，龚从言为人狡诈，要不是蓝神医和特使，连你我也都被蒙在鼓里。医药事关民生，兹事体大，大王可不能心软啊。"

国王下定了决心，说："来人，把龚从言给我抓起来。"

当下就有卫兵过来押解。龚从言被压得一弯腰，头上的帽子掉了下来，露出头顶一个硕大的肉瘤，引起满殿惊呼。

高思恍然大悟，原来龚从言就是杨管家的师弟巫言。"龚"其实应该是"工"，和"从"合在一起就是个"巫"字。难怪之前他看见自己像是看见仇人一样，显然是愤恨自己识破了他造的假玉玺。这人喜欢造假的习惯倒是一直没变。

等龚从言被押下去，国王说："本王为推行改革，误信小人之言，致使巫药公司坐大，贻害民生，实为惭愧。"

高思说："大王不必灰心。虽然龚从言打着数据的幌子招摇撞骗，但以实验和数据来指导医药研究的方向却是正确的。巫药公司也聚集了很多真正的人才和资源，只要我们正确利用，一定能为神草王国的医药研究做出重要贡献。"

国王说："本王想请特使担任神草王国医学研究的特别顾问，为我们提供指导。请特使切勿推辞。"

高思本欲谢绝，但蓝松蓝玉等人也都极力邀请，只好答应了。

大家都欢呼起来，国师册封仪式变成了顾问聘请仪式。

第十八章

随机森林

别过蓝松蓝玉叔侄，高思和萱萱继续南下，绕过古奇山脉再往西，终于到达了随机森林。想到这一路曲折的经历，高思不禁感慨万千。

随机森林位于古奇山脉南麓，树木繁茂，云烟氤氲。表面上看去和一般的森林也没有什么区别。不过想起关于随机森林的种种传言，高思和萱萱都不敢大意，小心翼翼地往森林深处前进。

走着走着，森林里的树木越来越密集，道路也越来越狭窄，到后来仅能容一人勉强通过。正当两人担心无路可走时，前面突然出现了一扇门。

高思上前推了一下，那门无声无息地便打开了。两人走进去一看，里面是一个空旷的房间，正对面的墙上一左一右各自有一扇门。正当高思犹豫要走哪扇门的时候，右边的那扇门突然自己打开了。高思和萱萱互看了一眼，没有马上走进去。萱萱上前去推了推左边的门，发现门纹丝不动。看来也没得选，两人只好走进了右边的门。

仿若历史重演，门后是一个和刚才一模一样的房间，对面墙上也是一左一右两扇门。高思说："看起来我们是进了一座迷宫。"萱萱掏出随身携带的画笔，在他们刚走过的门上画了个叉，说："我们得做好标记，免得迷路。"

右边的门开了，高思带头走进去。正如他们所料，门后面还是一样的房间和一样的两扇门。这次开的是左边的门，两人走了进去，还是一样的场景……

高思和萱萱就这样一扇扇门地走了下去，正当二人担心这门会无穷无尽时，前面突然豁然开朗。萱萱欢呼道："我们走出迷宫了！"

高思苦笑道："不要高兴得太早，你看看前面是什么。"

萱萱定睛一看，一条深渊横亘于前，深不见底，宽度少说也有几十米，完全没法通过。

二人环顾四周，发现右手边几十米的地方有一座桥。可惜中间被树木隔断，他们无法走过去。

高思想了想说："这个迷宫里有很多门，估计我们只有走对了门才能够走到那座桥。"

萱萱说："可是哪扇门开也不是我们自己能决定的，如何才能找到对的门呢？"

高思说："那我们只好多试几次，看看运气了。"

二人当即沿着原路返回。好在回去的门都畅通无阻，不一会儿他们就回到了最开始的那个房间。

他们转身重新面对两扇门，这次左边的门开了。他们走了进去。果然，这一次的线路和第一次的完全不一样。每次左边开门还是右边开门看起来是完全随机的。走过了 10 扇门之后，他们又来到了深渊边。这次他们离桥更近了点，可惜还是没有走到正确的门。

如此又试了十来次，高思和萱萱累得气喘吁吁。但还是没有走到桥那里去。

高思说："这样不行，还没等试出来我们就累趴下了。我得好好想想。"过了一会儿，他突然说："我明白了！"说着他画了一幅图。

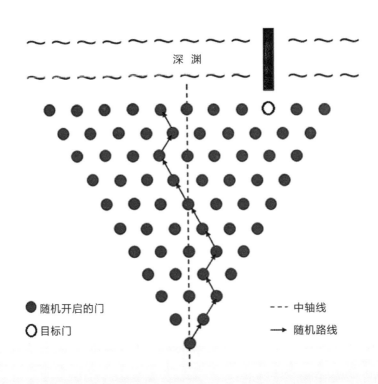

高思解释道:"这幅图上每一个小圆圈代表一个门。我们从最下面的那扇门开始往上走。每次只能选择左前方或者右前方的门,走过 10 扇门之后就会来到深渊边上。只有走到这个空心圆圈所代表的'目标门'时,我们才能到达桥边通过深渊。现在的问题是,每次左边还是右边的门开启是随机的,所以我们走的路线也是随机的。

"由于每次往左或者往右的可能性都是 0.5,因此平均而言,10 扇门里我们会有 5 次往左,5 次往右。这就意味着我们最有可能走到最中间的那个门那里。而越往两边的门,走到的可能性越小。所以我们试了半天也还是没走到目标门。"

萱萱问:"道理是这个道理,可是我们能怎么办呢?"

高思沉吟道:"要是每次右边开门的可能性能变大一些就好了!"

萱萱说:"我们回到最开始的那扇门看看有没有什么机关。"

果然,在最外面的那扇门边上发现了一个转盘,上面有一个指针和刻度盘,刻度盘上标着数字 0,0.1……一直到 1。指针目前指着 0.5。

萱萱很兴奋:"我们先来转到 1 试试!"

他们又走了一遍,10 扇门全部都是右边的。他们一路走到了深渊边上最靠右的门,那桥第一次出现在他们左边。高思说:"看起来这个指针控制的是右边开门的可能性。那我们可以找到合适的'右边开门可能性',使得到达目标门的可能性比较大。"

萱萱问:"这要怎么找?"

高思说:"假定'右边开门可能性'为 p,那么 10 扇门里面平均会有 $10 \times p$ 扇门往右,$10 \times (1-p)$ 扇门往左。你想想看,如果想达到目标门，我们需要几扇门往左，几扇门往右？"

　　萱萱盯着高思画的那幅图仔细想了想说："我们需要往左走 2 扇门，往右走 8 扇门，才能达到目标门！"

　　高思说："非常正确！因此我们需要设定 $10 \times p = 8$，也就是说 $p = 0.8$，右边开门的可能性为 0.8。"

　　萱萱赶紧把指针拨到了 0.8 的地方。

二人又试了试，果然，往右边开门的次数明显要多一些，每次出去的地方离目标门都比较近。试了四五次之后，终于达到了目标门。

高思和萱萱高兴地走上桥，越过了深渊。

过了深渊继续往前走不了多远，道路的尽头出现一个山洞，二人小心翼翼地走了进去。山洞很深，但非常宽敞。洞壁上有很多矿石散发着荧光，所以洞里基本上可以看清东西。洞的一侧有一条河，看起来水还挺深。

走着走着，走在前面的萱萱突然一声尖叫。高思一看，只见前方路中央趴着一条狗，身型巨大，趴在那里都快有半人高。

听到萱萱的尖叫声，那条狗站了起来，喉咙里发出低低的咆哮声。萱萱正想转身就跑，高思一把拉住她："不要怕，它过不来。"原来这狗脖子上拴着一条铁链，铁链的另一条固定在洞壁上，这时已经被狗拉得笔直。

果然，那狗只在原地咆哮，并不近身。过了好一会儿，它见高思和萱萱不往前走，又趴下了。

高思和萱萱贴着洞壁，慢慢地向前移动。那狗开始不理会他们，但只要他们快要越过它的时候，就会跳起来把他们赶回来。如此几番，高思和萱萱只好放弃了尝试，退到一边商量对策。

萱萱指着狗身边的一堆骨头问："你看那些是什么？"

高思仔细瞅了瞅说："好像是鱼骨头。"

萱萱说："看起来这狗是靠吃这河里的鱼为生的，我们捉点鱼把它给喂饱了，说不定还有机会溜过去。"

高思说："可以试一试。"

二人来到河边往里一看，水流湍急，而且水面离路面还有段距离。石壁光滑，都没有地方可以下到河面，拿什么来抓鱼呢？

萱萱四处张望，突然说："你看这里有张渔网。"

高思一看，可不是，那渔网挂在河边的石壁上，位于路面之下，所以刚开始没看见。

高思趴下去把渔网拉了上来。这渔网分量挺重，材质看着很独特，有光泽隐现，像是用金属线织成的。更为奇怪的是网端的把手上有一个刻度盘，上面标着数字 0，0.01，0.02……一直到 0.99，1。当前指针指向 0.5。

萱萱说："这个刻度盘和刚才迷宫门口的那个几乎一模一样，就是刻度值更密集一些。难道也是用来控制什么可能性的吗？"

高思说："我们先来试试这个渔网再说。"说着就把网撒了下去。

过了一会儿，拉起来一看，空的！一条鱼没捕到。

高思又把网撒了下去，这次捕到了一条鱼，体型也比一般的鱼大很多。萱萱把鱼扔到狗身边，那狗看起来有些兴奋，一口就把鱼吞到肚子里去了。看向二人的眼光好像也友善了一些。

高思见有效果，赶紧又撒网捕鱼。

可惜也不知道是高思的撒网技术不行，还是这河里的鱼太少，每次高思最多捕上一条鱼，还有很多时候一条都没捕着。

那狗被鱼勾起饥火，但半天又吃不到几条鱼，开始有些焦躁起来，站起来在那里走来走去，不时还低吼几声表示不满。

萱萱问："你看出这数字 0.5 是什么意思了么？"

高思想了想说："我撒的这些网里，大概有一半能捕到鱼，0.5 应该是表示每一网能捕到鱼的可能性。"

高思把指针拨到 0.8，那渔网竟然神奇般地变大了不少。

果然，接下来捕鱼的效率高多了，大多数时候都能捕到鱼，虽然最多也只能捕到 1 条。那狗吃得也很兴奋，可是看它那样子，离吃饱好像还早得很。

萱萱说："直接拨到 1 不是更好么？"

高思说："好，我们来试试。"

拨到 1 之后，渔网变得更大了，而且每次都能捕到鱼。二人非常高兴，网撒得更勤快了。

可是过了一会儿，二人发现有点不对劲。最近捕的鱼都堆在那里，那狗一条都没吃！难道是吃饱了？但看起来不像。因为它怒吼连连，看起来非常焦躁。

高思仔细看了看那些鱼，突然说："你有没有发现这批鱼好像没有最开始的鱼大？"

萱萱一看："好像是的，难道是因为鱼太小所以这狗不吃？"

高思说："试试就知道了。"

他把指针又拨到 0.8，捕上来的鱼果然个头要大一些，那狗又开始吃了。

萱萱说："我知道了，这渔网可以根据设定的可能性捕到鱼。可能性设定得越高，捕到的鱼个头就越小，就越没有价值；可能性设定得越低，捕到的鱼个头就越大越有价值，但捕不到鱼的次数也越多。"

高思说："是的。这个渔网真是一个神奇的存在。如果只让你用这渔网捕一次鱼，你觉得把可能性设定到多少比较好？"

萱萱想了想说："如果只能捕一次的话，我想还是尽量要确保能捕到鱼，所以把可能性尽量设置得大一些，比方说 0.9 吧。"

高思问："那你何不干脆设定为 1 呢？"

萱萱说："看看这狗就知道了，设定为 1 的时候捕上来的鱼太没有价值，连狗都不吃。"

高思说："是的。我们必须在捕到鱼的可能性和个头大小做出一个妥协，可能性太大和太小都不好。在随机性存在的时候，如果妄想确保100% 的达到某一目标，最终得到的结果可能是毫无价值。"

萱萱说："别扯这么远了，现在我们该怎么办？"

高思说："我们试一下，看在狗愿意吃的前提下，最大可以把可能性设置为多少。0.8 是可以的，1 刚刚试过了，不行。我们从 0.99 开始试起，然后逐步减小。"

试了一番之后，发现设置为 0.96 的时候，狗还是不吃。但到 0.95 的时候，狗就开始吃了。他们就把指针固定在 0.95，不停地撒网。很快，那狗就吃饱了，打了几个嗝之后就趴在那里睡着了。

高思和萱萱非常高兴，赶紧从狗身边溜了过去。

接着又走了一段，前面出现了一道石门封住了去路。门上布满了青苔，看起来已经很久没有动过了。由于没有任何把手之类的东西，高思只好使劲推了推，没有反应。他又敲了敲门，声音浑浊，听起来非常厚

实，估计想凿穿是不太可能了。

高思仔细看了看，发现门正中间有一个密码锁一样的东西，共有 6 个格子，每个格子里都有一个小转盘，上面有数字 0 到 9。

高思说："这看起来像一个 6 位数的密码锁。但是密码是多少呢？"

萱萱仔细观察了一会儿，突然说："你看门上面好像刻有字！"

高思一看，果然，在有些青苔较薄的地方依稀能看到字迹。他赶紧擦掉青苔，三行字显现了出来：

在终极的分析中，一切知识都是历史。

在抽象的意义下，一切科学都是数学。

在理性的世界里，所有的判断都是统计学。

同时在密码锁的正上方也刻有几个字："统计学的世界"。

高思仔细咀嚼着这几句话，心里翻起了滔天巨浪。他一直以来都是数学爱好者，最近对统计学的认知又深刻了很多。这几句话再准确不过地概括了数学和统计学的本质。

萱萱见高思站在那里发愣，推了他一把："想什么呢？"

"哦哦，没什么。"高思敷衍道，"我在想怎么破解这个密码。"

萱萱说："你看'统计学的世界'恰好就是六个字，我猜它们就是密码。但是我们要破解出每个字分别代表数字几。"

高思说："很合理的猜测。我想破解密码应该要从上面这三句话着手。我们要把文字转换为数字……嗯，我有个最简单的想法，不知道行不行。"

萱萱问："什么想法？"

高思说："就是数一下每个字在上面这三句话里出现了几次。"

萱萱听了，马上开始数起来："'统计'出现了 1 次。'学'字出现了 3 次，'的'字出现了 4 次，'世界'出现了 1 次。所以'统计学的世界'转化成密码就是'113411'。"

高思把密码锁的 6 个圆盘依次拨到了 113411。只听门里发出一声很轻的咔嗒声，然后地底传来一阵轻微的震动。

高思深吸一口气，两手顶住门往前一推，那门缓缓地移动了起来。想必是门底下装了滚轮之类的东西，密码解锁后激发了某种装置使得门可以被推动了。

往前推了大概半米，门旁边的石壁上露出了一道小门，阳光从外面洒落进来。高思和萱萱赶紧钻了出去，然后目瞪口呆。

第十九章

费舍尔爷爷

群山环抱之中有一个山谷，中间有大片的农田，不少农夫在其中耕种。牧童骑在牛背上悠闲地吹着竹笛，远处的村落中炊烟袅袅升起。俨然是个世外桃源。

高思想象过无数次费舍尔爷爷闭关的地方，但从来没有想过会是现在这个样子。

高思和萱萱沿着田间的小路往里走，田间的农夫看见他们二人丝毫不感到奇怪，而且还直起身用手指向一条蜿蜒上山的道路。

二人道谢之后转向上山的路。路边的野草已经爬到了道路中间，看起来这条路走的人不是很多。好在路并不难走，他们很快就到了半山腰，前面出现了一片竹林，林中有几间造型古朴雅致的屋子，门上有一块匾，上面写着"统计之家"。

高思上前敲门："晚辈高思和萱萱求见费舍尔爷爷。"

门开了，出来一位小姑娘，长得瘦瘦的，年纪和萱萱差不多大。

这小姑娘板着脸，冷冰冰地说："乱嚷嚷什么。费舍尔爷爷是你们说见就见的吗？"

高思和萱萱非常高兴，看起来是找对地方了。

高思道："我们二人是奉统计王国国王之命，根据费舍尔爷爷20年前的嘱咐前来拜会，还请姑娘通融。"

小姑娘说："想见费舍尔爷爷也简单，只要你答对我两道题就行。"

高思心想，这是什么规矩？但他不敢惹怒小姑娘，只好答应了："请姑娘赐教。"

小姑娘说："村里的王老伯有一个鱼塘，里面养了很多鱼。有个问题一直在困扰着他，就是鱼塘里的鱼到底有多少条。你们解决了这个问题，明天再上山来找我吧。"说着转身就进了门。

萱萱很不高兴："也不告诉我们鱼塘在哪里。"

高思苦笑道："看她这脾气，估计问她也不会告诉我们。只好自己去村子里找一找了。"

二人下得山来，刚到村口，就看见有一个鱼塘，一个老伯正在鱼塘边补渔网。高思上前一问，正是王老伯。知道高思和萱萱是来帮他解决问题的，王老伯也很高兴。

高思和萱萱一看这鱼塘，面积还挺大。

萱萱皱眉道："难道我们要把鱼一条条抓起来数一遍么？"

高思笑道："要是这样可行的话，估计王老伯早就做了。"

王老伯说："小伙子说得对。一来这鱼塘太大，鱼很多，一条条地抓不知道得抓多久。二来鱼游来游去的，没有办法保证都能抓起来。很可能有的鱼被抓起来好几次，有的鱼一次都没被抓起来过。"

高思问萱萱："还记得在河阳城的时候，我是怎么确定苹果林中苹果个数的吗？"当时萱萱被胡子首领抓走了，有一道难关就是要数苹果个数才知道萱萱被抓走的方向。

萱萱说："我记得你和我讲过的，是采取抽样的方法，随机选取几棵苹果树，数数上面有多少苹果，估计出平均每棵树上的苹果个数，然后数一数苹果林中有多少棵树就行了。对了，我们也可以采取抽样的方法来确定鱼的数量。"

高思说："你再想想看呢？"

萱萱说："只要我们随机捞几网鱼上来，数数每一网有多少鱼，估计出平均每网的鱼的条数，然后……咦，我们不知道鱼塘里的鱼到底能捞多少网……那怎么办呢？"

高思笑道："你就看我的吧。"说着他对王老伯说："麻烦您捕一网鱼上来。"

别看王老伯年纪不小，身手还挺利索。一网鱼很快就捕上来了，大大小小有十几条。

高思给每条鱼都做了个记号，并把它们都放回了鱼塘。鱼儿们摆了摆尾巴，很快就游不见了。

高思说："刚才有 15 条鱼，这还不够，再捕几网吧。"

于是，王老伯又捕了几网鱼，每条鱼都做上记号，然后被放回去。总共有 90 条鱼被做了记号。

高思拍拍手："好了，明天我们再来。"

当晚，高思和萱萱就住在王老伯家，喝了鲜美的鱼汤。比起一路上吃的干粮，真是人间美味。

第二天一早，三人又回到鱼塘边。高思让王老伯捞了一网鱼上来。告诉萱萱："你数数看总共有多少条鱼，其中有多少条是我们昨天做了标记的。"

萱萱一数："总共 20 条，有 2 条做过标记。"

高思又让王老伯捞了几网鱼，每一网都数一下。最后总共捞上来 122 条鱼，其中 15 条做过标记。

高思说："有了，这鱼塘里大概有 732 条鱼。"

萱萱瞪大了眼睛："你是怎么算出来的？"

高思说："其实道理很简单。昨天我们在 90 条鱼身上做了记号。放回鱼塘之后，它们会随机游动。经过一整晚，我们可以假定做过记号的鱼在鱼塘中分布得很均匀。"

萱萱说："哦！我明白了！今天捕上来 122 条鱼，其中 15 条做过标记，说明有标记的鱼在鱼塘中的占比大概为 $\frac{15}{122}$。而总共有 90 条鱼做过标记，因此如果假定整个鱼塘的鱼有 x 条，则 $\frac{90}{x} = \frac{15}{122}$，进而 $x = 122 \times \frac{90}{15} = 732$ 条！"

王老伯很高兴："虽然我没太听懂你们在说什么，但是我现在终于知道鱼塘里有多少条鱼了。"

萱萱说："我们赶紧上山去吧。"

费舍尔爷爷的屋子外，那小姑娘听完高思讲解如何估计鱼的数量，点点头说："这道题算你们答对了。"

小姑娘领着高思和萱萱走到竹林外，从这里可以俯瞰山脚的田地。"下面听好第二道题目。"小姑娘说，"你们看到那一块长方形的田地没有？中间有一条弯弯曲曲的小路。"

高思和萱萱点了点头。

小姑娘说："这是张大叔家的地，为了给田地施加合适的肥料，需要知道田地的面积。这整块地的面积很容易计算，因为它是一个长方形。但是这块地被中间的那条小路给分成了两部分，张大叔一直想知道每一部分的面积分别为多少。你们去想想吧，有了答案明天再来找我。"

高思心想：今天有进步，至少告诉了我们这块田地在哪里。

高思和萱萱到那块地一看，中间那条小路拐了两个弯，导致两个部分田地的形状都很不规则。

萱萱皱眉道："这么奇怪的形状，没有办法直接计算面积啊。"

高思说："我们先做一些测量，在纸上画出图来再说。"

二人说干就干，先测量了整块土地的长和宽，分别为 20 米和 12 米。然后在小路上均匀地取了一些点，量了量各点之间的距离以及连线的角度。最后在纸上画出了一个草图。

萱萱想了想说："我们可以考虑用切割近似的数学方法来解决。"

高思说："既然这里是统计王国，当然要用统计的方法才好。"

萱萱问："统计方法还能计算曲线下的面积么？"

高思说："当然。这个方法就叫'随机模拟'。"

萱萱问："那我们要怎么做呢？"

高思说："很简单，我们找个舒服的地方坐下来，然后玩玩扔小石头的游戏。"

高思和萱萱在地上捡了一批小石头，找了块草地坐了下来。高思把刚刚画了田地草图的那张纸平铺在地上，然后拿起一粒小石头，随手往上一扔。告诉萱萱："这么干就行了。不要瞄准，随便扔就行。"

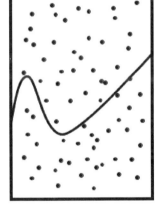

萱萱大感有趣，拿起小石头扔了起来，玩得不亦乐乎。

扔了一段时间，高思说："差不多了。我们来数一数上下两个部分各自有多少个小石头。你数上面的，我数下面的。"

不一会儿，两人都数完了。上面的部分有 80 个，下面的部分有 70 个。

高思略作计算之后说："上面部分和下面部分的田地面积分别为 128 平方米和 112 平方米。你想想是为什么？"

萱萱想了好一会儿，摇了摇头表示不知道。

高思说："提示一下，由于我们是随机往纸上扔小石头，因此小石头被扔到上面部分的可能性和上面部分的面积之间有什么联系？"

萱萱琢磨了一会儿说："小石头被扔到上面部分的可能性等于上面部分的面积除以整块田地的面积？"

高思说："非常正确，那接下来呢？"

萱萱说："我知道了。由于上面部分有 80 个小石头，总共有 150 个小石头，因此被扔到上面部分的可能性大概为 $\frac{80}{150}$。因此如果我们假定上面部分的面积为 x，已知整块田地的面积为 $20 \times 12 = 240$（平方米），因此 $\frac{x}{240} = \frac{80}{150}$，进而 $x = 240 \times \frac{80}{150} = 128$（平方米）。"

第二天早上，小姑娘听完萱萱的全部解答，脸上露出了佩服的神色。她说："二位请随我来，费舍尔爷爷在里面等你们。"

怀着忐忑不安的心情，高思和萱萱跟着小姑娘进了屋子，终于见到了传说中的费舍尔爷爷。

这位传奇人物个子不高，身形消瘦，比起费舍尔广场上的雕像已经老了很多，但是眼神依然清澈犀利。

小姑娘招呼两人坐下，自己也坐到了费舍尔爷爷身边。

费舍尔爷爷微笑道："没有想到最终来找我的人会这么年轻，也难怪小青忍不住技痒，出了两道题来考考你们。"

小姑娘笑着说："高思哥哥和萱萱姐姐都很厉害，小青甘拜下风。也请你们原谅我的无礼。"原来她冷冰冰的样子都是装出来的。

费舍尔爷爷说："小青自幼跟随我学习统计学，自以为水平了得，岂不知人外有人，天外有天。"

高思笑道："小青妹妹出的题目很有水平，可见名师出高徒。"

费舍尔爷爷说："你们来得比我预计的要晚了半年。"

高思说："晚辈惭愧，一路上遇到了很多事情，所以给耽搁了。"说着他就把自己如何来到统计王国，如何被国王选中来这里，路上又如何被绑架至冰封王国，如何绕道神草王国再来到随机森林，一一讲给费舍尔爷爷听了。

小青无比神往："真希望我也能经历这些事情，那风球真的可以飞吗？"

萱萱笑眯眯地说："当然可以飞。你要是感兴趣的话，回头我慢慢讲给你听。"

高思说："我们万万没有想到您闭关的地方竟然是现在这个样子。"

费舍尔爷爷说："我从小在这里长大，在这里闭关最合适不过了。你以为闭关就一定要把自己关在一个石洞里么？"

萱萱吐了吐舌头说："我们来之前的确是这么想的。"

费舍尔爷爷说："四十年前，我机缘巧合之下通过随机通道去了外面的世界，得遇恩师杰恩斯的指点学习概率统计学，时间虽短，却给我打开了管理随机现象的大门。"

高思说："杰恩斯？我爸爸的导师也是杰恩斯。"

费舍尔爷爷问："你爸爸是？"

高思说："我爸爸叫高顿。"

"原来你是高顿的儿子，难怪统计学学得这么好。当年我和你爸爸是同学，现在你来到了统计王国，可见冥冥之中自有天意。"费舍尔爷爷很高兴，"回到统计王国之后，我建立了随机管理大厅，统计王国逐步走上正轨。但我深感所学有限，很多问题需要潜心思考，因此决定闭关。"

萱萱说："您当初走得挺匆忙的。"

费舍尔爷爷说："一来我觉得需要解决的问题太多，时间紧迫；二来我希望王国当中能有人自己探索出统计学的道路。我预期随机管理大厅能够平稳运行二十年，因此以二十年为期限，让国王派人来找我。如今果然没有令我失望，你二位都是不可多得的统计学人才。"

高思说："晚辈学习统计学不久，还要您多多指点。"

费舍尔爷爷拿出两本厚厚的书，说："这是我二十年来的心血结晶。一本是《统计学》，囊括了我对统计学的全部认知。另外一本是《随机管理大厅》，详细记载了随机管理大厅的运行原理和管理方法。你们拿着这两本书，明天就回去吧。"

高思吃惊地问："难道您不和我们一起回去吗？"

费舍尔爷爷说："这二十年来的思考已经耗费了我全部的生命力，我已经命不久矣。但有你们年轻人在，我很放心。"

高思和萱萱更加吃惊，没想到这位超卓的人物已经到了生命的最后阶段。小青更是在一旁垂泪。

费舍尔爷爷说："你们走的时候带上小青，她早就想出去看看了。"

小青摇了摇头说："我不走，我要留在这里服侍爷爷。"

费舍尔爷爷摸了摸她的头说："傻孩子，你已经陪了爷爷十几年，是时候出去闯荡了。"

小青没有说话，哭得更厉害了。过了好一阵子才平复下来。

高思问费舍尔爷爷："我意外来到统计王国，但通道二十年才开启一次，暂时无法回家。不知道您有没有办法开启随机通道？"

费舍尔爷爷说："随机通道可以说是统计王国最大的秘密。但我已经把它完全破解。这是开启和关闭通道的方法。"说着他掏出一张薄薄的纸条递给高思。

高思接过纸条迫不及待地看了起来，片刻间脸上便露出了震惊的表情，过了一会儿又变成了恍然大悟的样子。

费舍尔爷爷问："都明白了么？"

高思说："我明白了。"

费舍尔爷爷又问："都记住了么？"

高思说："我记住了。"

费舍尔爷爷说："很好。"说着就把纸条撕得粉碎，"通道的开启关系着随机大陆的兴衰存亡，你务必要保守秘密，待时机成熟再逐步公开。"

高思点了点头："请您放心！"

费舍尔爷爷说："今天就让小青带你们到处逛逛，明天就启程回去吧。国王他们想必已经等得心焦了。"

重返河阳

次日一早，高思和萱萱向费舍尔爷爷辞行。小青坚持要留下来，费舍尔爷爷也无可奈何。但她答应将来一定会去伯努利城找萱萱。

高思把两本书在包裹里仔细放好。为避免夜长梦多，二人几乎是昼夜不停歇地往回赶，困了就随便找个地方睡一觉，醒了继续赶路。中间偶有间歇时，高思就抱着《统计学》仔细钻研。

当河阳城的城门出现在夕阳中，二人终于松了一口气。这里离伯努利城已经只剩大半天的路程，他们决定在城里歇息一晚再走。

河阳城警署里，高思和萱萱又见到了河阳城的警长。大半年不见，警长看起来气色好了很多。老朋友见面，分外高兴。警长热情地招待了二人。晚上就在上次住过的酒店里睡下了。由于连日奔波，高思睡得很沉。

第二天一大早，高思的脑袋还有点发沉。可是当他身手摸向床边的包裹时，瞬间就清醒了，里面的书不见了！

闻讯赶来的警长和萱萱面色凝重。警长非常紧张，费舍尔大人交代的东西竟然在自己的地盘上弄丢了。好不容易由于大破盗贼团伙而备受上司赏识的警长可不想由于这个大篓子而丢了乌纱帽。

警长问："你最后一次看见那两本书是什么时候？"

高思说："昨晚睡觉的时候就放在床头的。"

警长说："那肯定是晚上被人偷走了！"

警察们搜遍了酒店，终于在墙边发现了一串脚印，看那走向，肯定是有人越过墙头翻出去了。酒店老板指天发誓："这脚印昨天还没有，一定是小偷留下的！"

警长说："城门尚未开启，小偷一定还在城内。给我挨家挨户地搜，就算翻个底朝天也要给我查出来。"

当下就有警察领命去了。

高思想了想说："这两本书这么多天都没丢，偏偏在我沉睡的晚上就丢了。很可能这小偷已经盯上我不止一天了，只有昨晚才有机会下手。"

警长说："自从盗贼团伙上次被我们一窝端之后，河阳城已经很久没有偷盗案件发生了。这小偷肯定是外面来的。"

高思说："既然这样，这小偷肯定在城内没有立足之地。我们这么大规模的搜查，他一定会想办法尽快离城。"

萱萱说："那我们在城门口挨个搜查出城的人不就可以了？"

警长说："挨个搜查速度太慢，短时间可以。时间一长容易引起民愤。除非我们缩小搜查的范围。"

高思问："如果我们知道小偷的大概身高可以么？"

警长说："可以的。这样我们可以重点搜查类似身高的人。"

高思说："那我就有办法了。根据脚印长度可以推测小偷的大致身高。"说着他就把地上小偷的脚印量了一下，长为 25.5 厘米。

警长说："我们都知道脚印越长的人，身高一般越高。但怎么根据脚印长度来推测身高呢？"

高思说："我们需要收集一点数据，然后建立一个模型。"说着他要求在场的几个警察和酒店的工作人员都测量一下自己的脚印长度和身高。共收集到了 10 个人的数据。

人员编号	1	2	3	4	5	6	7	8	9	10
脚印长度（厘米）	24	22.5	23	21	25.4	23	24.5	22	25	25.6
身高（厘米）	171	161	167	160	176	163	173	163	170	173

高思说："把每个人的脚印长度当作横坐标 X，身高当作纵坐标 Y，则 10 个人的（脚印长度，身高）就代表平面上的 10 个点。就像这样。"说着他画了一幅图。

高思又在图上画了一根直线，并解释道："你们看，这些点基本上都在这根直线附近，这说明身高和脚印长度之间近似服从'线性关系'。因此我们可以建立一个'线性模型'如下。"

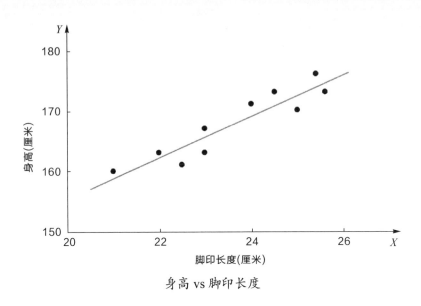

身高 vs 脚印长度

X：脚印长度，Y：身高

线性模型：$Y = a + bX + \varepsilon$

a：截距项，b：斜率，ε：随机误差

高思继续解释道："当脚印长度为 X 时，身高大概为 $a + bX$。这是一个线性关系，因此我们称为线性模型。"

这时有个警察问了："这个不太对啊，我和我朋友的脚印都是 23 厘米，但是我的身高为 167 厘米，而他的身高为 163 厘米。"原来这两人正是编号为 3 和 6 的人。

高思说："这个问题问得非常好。这就是为什么模型中还有个随机误差项 ε。对于一批同样脚印长度为 X 的人，每个人对应的随机误差不一定一样，因此身高也不一定相同。唯一可以确定的是这批人的平均身高应

该为 $a+bX$。你们看这个图上，每个点也不是恰好在直线上，而是围绕在直线 $a+bX$ 附近上下波动。"

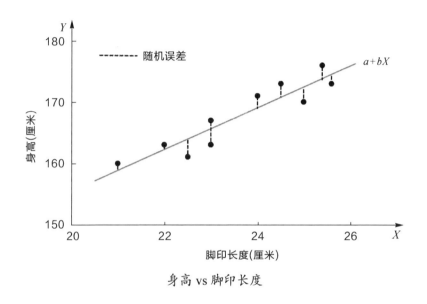

身高 vs 脚印长度

萱萱问："那要怎么确定 a 和 b 呢？我看你刚刚就是顺手画了一根线而已。你要是再画一根线，截距和斜率不是就变了吗？"

高思说："你说得很对，这根线不能随便乱画。我们需要找到一根最优的线使得误差最小。"

萱萱皱眉道："误差？"

高思又在图上画了些虚线，并解释道："你们看，这些点并不恰好位于直线之上，那么这些点对应的 Y 值与 $a+bX$ 的差距就称为'误差'，在图上我用虚线来表示。在模型中对应的就是随机误差项 ε。"

萱萱又问："那要怎么才能使这些误差最小呢？"

高思说:"先计算这些误差,将每个点的误差取平方,然后加起来,得到一个总的误差。我们只需要找到 a 和 b 使得这个总的误差最小就可以了。这个方法称为'最小二乘法'。我刚刚从《统计学》这本书上学来的。"

萱萱说:"听起来很复杂啊。"

高思说:"没关系。其实 a 和 b 的计算公式很简单,我给你们算一下就清楚了。"

编号	脚印长度 X	身高 Y	X^2	Y^2	XY
1	24	171	576.00	29 241	4 104.0
2	22.5	161	506.25	25 921	3 622.5
3	23	167	529.00	27 889	3 841.0
4	21	160	441.00	25 600	3 360.0
5	25.4	176	645.16	30 976	4 470.4
6	23	163	529.00	26 569	3 749.0
7	24.5	173	600.25	29 929	4 238.5
8	22	163	484.00	26 569	3 586.0
9	25	170	625.00	28 900	4 250.0
10	25.6	173	655.36	29 929	4 428.8
求和	236	1 677	5 591.02	281 523	39 650.2

$$b = \frac{10 \times 39\,650.2 - 236 \times 1\,677}{10 \times 5\,591.02 - 236^2} = 3.408$$

$$a = \frac{1\,677}{10} - b \times \frac{236}{10} = 87.27$$

高思解释道："我们首先算出这 10 个人脚印长度之和以及身高之和。再计算脚印长度的平方和以及身高的平方和。然后计算脚印长度乘以身高的和。最后就可以用上面的公式计算出 a 和 b 了。注意公式中的 10 来自于我们有 10 个人。"

萱萱说："所以身高等于 $87.27 + 3.408 \times$ 脚印长度！"

高思说："错！应该是身高等于 $87.27 + 3.408 \times$ 脚印长度 + 随机误差。"

萱萱说："我知道了。这个小偷的脚印长度为 25.5 厘米，因此他的身高应该为 $87.27 + 3.408 \times 25.5 +$ 随机误差，也就是 174 厘米加上随机误差。"

高思说："是的。所以小偷的身高预计在 1.74 米左右。加上随机波动，大概在 1.7 米到 1.8 米之间。"

警长说："我知道了，马上布置下去。重点关注身高在 1.7 米到 1.8 米之间的人，在统计王国中这算是比较高的身高了。"

过了不到一个小时，城门口传来消息，小偷被抓住了，身高为 1.75 米，离预计值很接近，两本书也完璧归赵。

萱萱感叹道："《统计学》真是本神奇的书啊！"

尾 声

高思和萱萱终于顺利地回到了伯努利城，受到了国王和全城居民的盛大欢迎。

萱萱的爸爸根据《随机管理大厅》里记录的原理和方法，把随机管理大厅的仪器修整如新，而且再也不用担心不知道如何调参数了。

统计王国成立"国家统计学院"，利用《统计学》作为教材，向任何对统计学有兴趣的人教授统计课程。在高思的建议下，统计学院同时向冰封王国和神草王国开放。原来大王子顺利当上了冰封王国的国王。而高思也没有忘记自己是神草王国的医学研究特别顾问。

统计学院的院长嘛，自然由高思担任。高思不在的时候？那就由萱萱和小青联合主持了。统计学院的校训则是那段名言：

在终极的分析中，一切知识都是历史。

在抽象的意义下，一切科学都是数学。

在理性的世界里，所有的判断都是统计学。

根据费舍尔爷爷传授的方法，高思顺利地回到了原来的世界。果然只过去了一个月。大家看到高思平安归来，别提多高兴了，对于高思的神奇经历，他们也是羡慕不已。

不过高思暂时没有告诉他们自己有办法开启随机通道，这可是个秘密。要等到有足够多的人知道统计王国的存在时，才能考虑逐步公布开启通道的方法。

同学们，你们也一起来帮忙宣传统计王国吧！不过记住，随机通道暂时还是秘密哦！

后 记

　　1989 年，我 8 岁。父亲不知道从哪里给我找来一本连封皮都没有的故事书，讲述的是一个小朋友在数学王国历险的故事。年少的我被里面精彩的数学和历险故事深深吸引，从此爱上了数学。从参加中国数学奥林匹克，保送进入北京大学数学系，赴美国威斯康星大学统计系深造，到后来在华东师范大学统计学院任教，一路走来，我都对当年那本至今连名字都不知道的故事书充满感激。

　　2019 年，我儿子 8 岁。他很喜欢数学，更喜欢阅读。我给他买了很多数学故事集。《奇妙的数王国》《荒岛历险》《爱克斯探长》……他全都爱不释手，看了一遍又一遍。有一天他突然问我："老爸，你教的统计是干什么的呀？"我说："也给你买几本统计的故事书看看好了。"没想到，在搜索了一通"统计王国历险记"或"奇遇记"之类的关键词之后，我竟然一无所获！大吃一惊之余，我突发奇想：何不干脆自己写一本呢？

　　就这样，为了让儿子以及像他一样的小朋友读到一本关于统计的故事书，我开始了艰苦的构思和写作过程。好在我长期承担"大学统计"的教学工作，这是一门专门给文科生介绍统计学的课程。在教学过程当中积累的众多统计学小故事和对统计科普的思考给我的写作奠定了一个很好的基础。大半年之后，我把完成的书稿递到儿子手上，心情忐忑地看着他翻开第一页，紧张地捕捉他脸上哪怕一丝最细微的表情，想从中判断出他是否喜欢我写的这个故事，直到被他轰出了房间。接下来的两个小时里，儿子都在房间里聚精会神地翻看书稿，中间连姿势都没有变过。我长吁一口气，看起来我写得还不算差。

在这个"大数据"时代，正确解读数据的能力已经成为现代公民的必备能力之一，而统计学思维正是破解数据真相最强有力的工具。我希望这本书的出版能让更多的孩子爱上数学、爱上统计学，并在他们的心中播下数据思维的种子。

2029 年，我希望有学生跑来对我说："方老师，我是因为小时候看了您的书才决定学统计学和数据科学的。"我坚信，这一天一定会到来的！

方 方

2019 年 10 月 15 日